U0287590

The Series of Studies on Innovative Ecological Civilization System in Guangdong-Hong Kong-Macao Greater Bay Area

粤港澳大湾区生态文明体制创新研究丛书

主　编　唐孝炎

建设用地土壤环境调查质量保证与控制技术

——以粤港澳大湾区为例

Technology of Quality Assurance and Control for Soil Environmental Investigation on Development Land

Case Study of Guangdong-Hong Kong-Macao Greater Bay Area

《建设用地土壤环境调查质量保证与控制技术——以粤港澳大湾区为例》编写组◎著

科学出版社

北　京

内 容 简 介

本书以粤港澳大湾区为例，在全国土壤污染状况详查的工作背景下，对建设用地土壤环境调查的技术规范和工作程序进行了阐述；重点构建了切实有效的建设用地土壤环境调查质量保证与质量控制管理体系。该体系覆盖了基础信息调查，布点采样方案编制，样品采集、样品流转、保存和制备，样品分析测试等全过程的质量监督管理，归纳了各专项技术要求，完善了调查质量溯源机制，确保调查过程有迹可循、有源可溯、有证可查，确保调查数据真实、准确、全面。

本书为生态环境相关管理部门、社会检测机构及其从业人员等广大读者以更直观的方式提供技术指引，亦可作为科研院所研究人员及高等院校师生的参考资料。

图书在版编目(CIP)数据

建设用地土壤环境调查质量保证与控制技术：以粤港澳大湾区为例／《建设用地土壤环境调查质量保证与控制技术——以粤港澳大湾区为例》编写组著. —北京：科学出版社，2022.3

(粤港澳大湾区生态文明体制创新研究丛书／唐孝炎主编)

ISBN 978-7-03-071691-0

Ⅰ.①建… Ⅱ.①建… Ⅲ.①非生产性建设用地-土壤环境-质量管理-研究-广东、香港、澳门 Ⅳ.①X825

中国版本图书馆CIP数据核字（2022）第039747号

责任编辑：林 剑／责任校对：樊雅琼

责任印制：吴兆东／封面设计：无极书装

科学出版社 出版

北京东黄城根北街16号

邮政编码：100717

http://www.sciencep.com

北京虎彩文化传播有限公司 印刷

科学出版社发行 各地新华书店经销

*

2022年3月第 一 版 开本：787×1092 1/16

2022年3月第一次印刷 印张：11 1/4

字数：280 000

定价：168.00元

（如有印装质量问题，我社负责调换）

《建设用地土壤环境调查质量保证与控制技术——以粤港澳大湾区为例》编写组

本书编写组单位：

深圳市北京大学深圳研究院分析测试中心有限公司

主　笔　陈振波

副主笔　杨正松

成　员　温玉秀　孔小禹　李小红

王　超　刘津芳　韦美金

李龙彬　夏君毅　欧阳亚利

总 序

湾区是指由一个海湾或者相连的若干个海湾及邻近岛屿共同组成的海岸带特定地域单元。由于湾区通常具有较好的海陆枢纽区位，便于全球资源产品的贸易往来和海陆资源的综合开发利用，形成了要素聚集、辐射带动、宜居宜业的滨海经济形态——湾区经济。随着全球经济一体化的迅猛发展，以纽约湾区、旧金山湾区和东京湾区为代表的湾区经济，以其开放创新的经济结构、高效的资源配置能力、强大的集聚外溢功能，成为全球经济的核心区域，湾区的社会经济发展模式为全球区域经济发展起到积极的示范作用。

粤港澳大湾区由香港、澳门两个特别行政区和广东省广州、深圳、珠海、佛山、惠州、东莞、中山、江门、肇庆等9个地市组成，总面积达5.6万平方千米，2018年年末总人口达7000万人。经过改革开放40多年的发展，这一区域已在国家发展大局中占有重要战略地位，成为中国开放程度最高、经济活力最强的区域之一，但发展带来的生态环境形势较为严峻。2019年年初，国家印发了《粤港澳大湾区发展规划纲要》，明确了粤港澳大湾区在国家经济发展和对外开放中的支撑引领作用，确立了建设与纽约湾区、旧金山湾区和东京湾区比肩的世界级湾区的目标。

未来，粤港澳大湾区的进一步发展将面临更为复杂而艰巨的资源和生态环境挑战。区域发展空间面临瓶颈制约，资源能源约束趋紧，生态环境脆弱将成为粤港澳大湾区可持续发展的主要矛盾。因此，生态文明建设之于粤港澳大湾区未来发展而言至关重要。在粤港澳大湾区经济建设、政治建设、文化建设、社会建设的各方面和全过程中，都必须切实与生态文明建设相融合，牢固树立绿色发展理念。必须坚持严格的节约资源和保护环境的基本国策，坚持严格的生态环境保护制度，坚持严格的生态红线管理、耕地保护和节约用地制度；推动形成绿色低碳的生产生活方式和城市建设运营模式，推进自然资源资产量化评估与生态产业化体系构建，全面恢复生态系统服务，为居民提供良好生态环境，全面实现粤港澳大湾区社会经济的可持续发展。

《粤港澳大湾区生态文明体制创新研究丛书》是围绕粤港澳大湾区生态文明体制建设系列研究成果的集成。该丛书试图从不同角度剖析粤港澳大湾区在可持续发展过程中创新构建的制度机制、理念方法和实际解决的关键问题，并从理论高度予以总结提升。该丛书的价值和意义在于，通过总结粤港澳大湾区生态文明建设的创新体制，提供有效防范因社会经济发展和资源环境的矛盾而引发的区域生态环境风险的制度体系，研究粤港澳大湾区生态文明建设实例，探寻区域协调和海陆统筹策略，提出系统解决相邻陆域和海域资源环境问题、实现湾区经济社会全面协调发展的新模式，为我国社会主义建设提供先行示范。

该丛书致力于客观总结在粤港澳大湾区生态文明建设中所取得成绩与经验，力图为实现绿色发展，构建人与自然和谐共生的美丽中国提供理论依据与实践案例。该丛书可为区域生态、环境管理、城市规划领域学者和政府管理者提供湾区生态文明建设的有益帮助。同时，我们寄希望于粤港澳大湾区生态文明建设的探索与实践，能为世界湾区发展贡献具有中国特色的可持续发展经验。

2019年9月19日于北京大学

前　言

2021年12月20日，全国土壤污染状况详查工作总结暨土壤、地下水和农村生态环境保护"十四五"工作部署会议召开，标志着《土壤污染防治行动计划》的第一项任务——全国土壤污染状况详查工作完成。耗时4年完成的土壤污染状况详查基本摸清了全国农用地和企业用地土壤污染状况及潜在风险的底数，探索形成了一整套覆盖调查全过程的技术体系和组织实施模式，为"十四五"时期深入打好净土保卫战提供了宝贵经验和支撑作用。

在国家建设用地土壤污染风险管控和修复系列环境保护标准的管制要求下，以深圳市为代表的粤港澳大湾区在全国土壤污染状况详查工作实践中也逐步构建了切实有效的建设用地土壤环境调查质量保证与质量控制管理体系。该体系覆盖了基础信息调查，布点采样，样品采集，样品流转、保存和制备，样品分析测试等全过程的质量监督管理，统一各专项技术要求，保证了调查数据质量标准，完善了调查质量溯源机制，确保调查数据真实、准确、全面，确保调查过程有迹可循、有源可溯、有证可查，调查结果真实可信。

粤港澳大湾区对建设用地再开发需求空间巨大，对建设用地土壤污染状况调查数据的真实性、准确性、可靠性等提出更高要求。粤港澳大湾区各城市互相借鉴和学习，加强了大湾区2区9市建设用地土壤污染状况调查质量管理上的技术交流与合作，探索建立大湾区建设用地土壤污染状况调查质量管理的区域联盟机制，最终实现大湾区建设用地的安全利用和高效开发。

建设用地土壤环境调查是一项积极响应国务院发布的《土壤污染防治行动计划的通知》要求的举措，是了解建设用地利用现状、摸清污染底数、强化源头控制和阶段性治理修复的先行棋，是严格建设用地规划、强化/健全土地供应/转让管理、加强土地用途变更监管、完善土地续期管理及控制收回地块风险的前置和重要条件。

而建设用地土壤环境初步调查作为建设用地土壤环境调查工作的第一步，也是建设用地未来开发利用管理的基础性工作，其调查结果的质量将直接影响上述工作能否顺利地开展实施。《土壤污染防治行动计划的通知》中，对于建设用地的管理也有相关要求。2017年起，对于拟收回土地使用权的有色金属冶炼、石油、化工、焦化、电镀、制革等行业企业用地，以及用途拟变更为居住和商业、学校、医院、养老机构等公共设施的上述企业用地，由土地使用权人负责开展土壤环境状况调查评估；对于已经收回的，由所在市、县级政府负责开展调查评估。2018年起，重度污染农用地转为城镇建设用地的，由所在市、县级政府负责组织开展调查评估。上述所有的调查评估结果均须向所在地环境保护、城乡规划、国土资源部门备案。

因此，要充分认识到建设用地土壤环境调查的重要性，严格把控建设用地调查工作的质量关；要充分认识到建设用地土壤环境初步调查工作与其他类型用地土壤环境调查工作的差异性，避免盲目照搬其他类型用地初期调查的工作程序；要充分认识到建设用地土壤环境初步调查工作的复杂性，合理选择初步调查工作的组织实施方式；要严格要求各环节的质量管理工作，建立系统性的质量管理体系，确保调查过程的真实性、科学性和可靠性。

《建设用地土壤环境调查质量保证与控制技术——以粤港澳大湾区为例》一书基于深圳市北京大学深圳研究院分析测试中心有限公司的项目实践进行撰写，相关研究项目跨度近五年，涉及的主要项目为其承担的珠江三角洲地区土壤环境调查以及质量控制工作。

鉴于作者水平有限，本书难免存在不足之处，敬请广大读者批评指正。

本书编写组

2021年12月31日

目　　录

1 绪　论

2020 年 12 月 17 日凌晨，中国探月工程“嫦娥五号”返回器成功着陆内蒙古四子王旗预定区域，并成功带回约 2kg 月表到深至 2m 处各个不同深度的土壤样品，顺利完成探月工程三步走的最后一步。通过对月表土壤的分析，科学家们将能够更加深入了解月表的地质情况和月壤资源情况，同时也能给未来的登月计划提供相关科学研究数据。自古以来，土壤一直是人类生存和社会发展不可缺少的重要资源，土壤环境的质量直接影响到农业生产和食品安全、水资源安全、居住环境安全和生态环境安全。

1.1 全球土壤环境质量现状

2015 年，由联合国粮食及农业组织发起编撰的《世界土壤资源状况》报告正式发布[1]。报告指出，随着全球人口的不断增长、经济发展越来越迅速、城市化和工业化进程不断推进，地球表面的土壤资源持续不断地被长期占用和封闭。同时，伴随着全球市场经济作用、各国教育水平和环境文化价值差异，以及气候变化等因素的影响，全球土壤资源的数量、质量、功能及其对人类可持续发展的保障与供给能力均被严重削弱。

报告还指出，目前全球大多数土壤资源状况仅为一般、较差或很差。全球目前约有 33% 的土地，因侵蚀、盐碱化、板结、酸化和化学污染，而出现中度到高度的退化。全球土壤目前整体面临着土壤侵蚀、土壤有机碳丧失、养分不均衡、土壤酸化、土壤污染、水涝、土壤板结、地表硬化、土壤盐渍化和土壤生物多样性丧失等十大威胁，土壤污染已成为全球性土壤资源质量问题。

在大多数发达国家，废弃物处置、工业和商业活动及仓储物流泄漏都是土壤污染的主要来源。制定土壤污染管理措施需要寻找到可能受到污染的地块，现场调查确定实际污染程度及其对环境的影响，再实施补救和后续措施。

根据欧洲环境署 2014 年公布的数据表明，欧洲被污染的场地估计超过 250 万处，其中被确认已受污染有 34 万处。约三分之一的高风险地方已被确认受污染，但迄今为止，只有 15% 左右的污染场地被成功修复。虽然欧洲各地的土地污染趋势有所不同，但很显然，污染场地的修复仍然是一项重要的工作。就整个欧洲而言，废弃物处置和工业活动是最主要的土壤污染源，最常见的污染物是重金属和矿物油。

在美国，受复杂危险物污染的土壤、地下水或地表水的区域被列入美国国家优先事项清单（National Priorities List，NPL）。截至 2014 年 9 月底，在国家优先事项清单上共有 1322 处被污染场地，其中 1163 处已经采取了应对污染威胁的措施，另外有 49 处场地已被提议解决。此外，美国土地和应急管理办公室（OLEM）已经治理了超过 54 万处场地和 930 万 hm^2 的污染土壤，所有这些场地均可以重新投入使用。在加拿大，共有 12 723 处场地已经被确认存在污染，其中涉及表层土壤污染的有 1699 处场地。主要的土壤污染物包括重金属、石油烃和多环芳烃。

澳大利亚的土壤污染情况与其他发达国家相似。石油工业、矿产开采、化工生产、设备加工等工业活动，以及使用磷肥和农药等农业活动排放的重金属、烃类、矿物盐、颗粒物等是土壤污染的主要来源。据估计，澳大利亚受污染的场地约有 8 万处。

发展中国家正处在快速的工业化和城市化进程中，已经有很多国家和地区的土壤环境受到污染，如果还不建立适当的法律和监管方案，随着土壤污染的加剧，将会对环境和人类健康产生重大威胁。

在拉丁美洲的许多地区，人为活动如采矿区的尾矿和冶炼作业，已经导致了土壤砷污染。在拉丁美洲 20 个国家中已有 14 个国家被确认存在水体砷污染问题，据估计，这些国家受污染人数达 1400 万。另外，据估计，在 19 世纪 80 年代末和 90 年代初，由于巴西、玻利维亚、委内瑞拉和厄瓜多尔等地的淘金活动，导致亚马孙流域沉积了约 3000 ~ 4000t 的汞。此外，拉丁美洲许多地区因大量使用化肥和杀虫剂，不仅导致了土壤污染，同时还引起了一系列的环境污染和人类健康问题。

在非洲，土壤污染主要由采矿、泄漏和废弃物处置不当造成。据尼日利亚联邦政府报告指出，在 1970 ~ 2000 年，发生了约 7000 多次泄漏事件。在博茨瓦纳和马里，包括滴滴涕、阿尔德林、狄氏剂、氯丹和七氯在内的超过 10 000t 农药已经从受损的容器中泄漏并污染了土壤。

在亚洲，各国农业生产活动中使用的微量元素对土壤和农作物的污染已相当严重，这种污染正威胁着被污染地区的人类健康和食品安全。在东南亚许多地区，地下水中砷天然存在，这对农业发展具有潜在威胁，尤其是在以厌氧条件为主的稻田生产中威胁更大。同时，亚洲也是全球汞资源的最大贡献者，汞主要来源于化工工业生产、汞矿和金矿开采。因此在整个亚洲，经济快速发展的地区同时还在经历着严重的重金属污染。

1.2 土壤环境变化的驱动力

2019 年，全球人口已经达到 77 亿，预计到 21 世纪中叶，世界人口将达到 97 亿，21 世纪末，世界人口将增加到 109 亿。伴随着人口快速增长所带来的是对粮食产量的迫切需求。据估计，到 2050 年粮食生产要增长 70% ~ 100% 才能够满足人口增长带来的食品需求的压力。粮食的增产主要有两种途径：一是提高单位面积粮食产量，集约化利用土地；二是扩张农业用地面积。

相较于农业用地扩张产生的森林破坏、湿地转化等带来的大范围的恶劣环境影响，集约化利用土地目前被认为是具有可持续性发展的途径。但是，从现有的集约化土地利用实例来看，集约化土地利用的实际增长往往是缺乏可持续性的。农作物增产需要稳定高效地维持土地肥力，自然和合成肥料的人工施用是维持土地肥力的两种主要方式。然而随着土地利用时间的增长和土地自然肥力恢复的缓慢，合成肥料的人工施用正逐渐成为维持土地肥力的方便之选。据统计，近年来土地集约化利用使得全球氮肥、磷肥的使用量超过自然水平的两倍，并且这种趋势还在不断继续。例如，中国21世纪初的农业氮肥施用量是20世纪80年代施用量的两倍以上。一些国家和地区为了提高土地的集约化利用率，大范围地采用温室/大棚生产，土地肥力的管理更加集约。例如，亚洲的一些区域，为了使多茬种植的蔬菜有一个较高的产量，每公顷土地每年的化学肥料和有机肥料的施用量分别在几吨和几百吨。而这些肥料转化的养分并不能完全被农作物吸收，农作物收获之后仍旧有50%～60%的养分留存在土壤中。当这些养分从土壤中流出的时候，就可能导致局部、区域或者水域的污染。农用地土壤养分过量输入导致的水体富营养化和湖泊、近海水域等藻化的新闻已经屡见不鲜。另外，在全球范围内，普遍存在因氮肥的过量使用导致的土壤酸化和土壤有机物分解的加速，进一步导致过度施肥土壤的退化，缩短了土地的农业生产寿命。同时，氮素肥料的施用，还会影响全球气候的变化。全球大约有1%的氮素以N_2O的形式释放到大气层中，而N_2O对气候变暖的作用是CO_2的300倍。中国、印度和美国释放的N_2O量占全球农田释放量的56%，其中，仅中国就占了28%。

在农作物种植过程中，农药的使用也越来越普遍，甚至有时候为了保证农作物产品的收获量和外观精致，会加大农药的使用量。而农药的使用频率、化学组成等对土壤生物多样性有着明显的影响。据统计发现，随着农业用地集约化的推行，全球每年的农药使用量提高到了约200万t。其中，除草剂占47.5%、杀虫剂占29.5%、杀真菌剂占17.5%，其他类占5.5%。随着全球气候变暖，越来越多的国家和地区变得适宜进行农作物两熟制或三熟制耕种。随着同年农作物种植收获次数的增加，农药使用量也在原来使用量的基础上翻倍。当土壤的缓冲能力无法适应这样的农作物收获和农药使用频次时，就会出现土壤污染、土壤酸化、盐碱化和生物退化，同时对人体健康也造成了危害。

人口增长和经济发展的同时，也导致了对畜牧产品的需求。从20世纪70年代开始，大部分畜牧业生产的增长也导致了畜牧业的集约化，其中很大一部分转向了工业化生产。而畜牧业的工业生产系统也是一个高污染的行业。动物粪便、用于种植动物饲料的投入、集约化管理造成的土地流失都有极大可能成为当地和下游淡水系统的主要污染源。同时，集约化的畜牧业生产过程中普遍使用到抗生素和激素类药物，这些药物对土壤、水和畜牧产品本身都存在着巨大的污染风险，另外还可能对生物和人体健康造成危害。

在人口增长的同时，社会经济增长和城市化进程的不断推进给人类带来了巨大的利益，但是也加剧了不可持续的消费模式，导致采矿、制造、污水、能源和运输等行业的排放物增加，随之释放大量的持久性污染物到陆地、空气和水中。例如，矿山开采过程中，受开采的矿物类型和冶炼方式的不同对环境的影响也不同。传统的矿产开采主要是指在地表以下沿着矿物分布走向进行的条带状开采，但随着矿产资源种类越来越多地被发现和挖掘设备的更新换代越来越快，在一些情况下，为了到达矿脉或者是为了尽可能多地开采矿产资源，会对整座矿山进行开采，这样一来，不仅会对自然景观和地貌造成永久的破坏，同时露天开采过程中的各种污染物将直接对大气环境造成污染。尽管如此，从整个矿产资源开发的流程来说，矿产采掘本身对环境的影响或污染只占了一小部分，后续的冶炼和矿产开采尾料及开采废料的处理才是造成严重环境影响问题的主要原因。

矿产资源的开发是通过将小部分有价值的矿石通过研磨、浮选等手段筛选出来，然后通过冶炼提取需要的矿物。在筛选、冶炼的过程中会产生大量的尾料、废料、烟灰、炉渣和废水，而这些废物如果不能得到有效的处理，将会直接对矿山及附近的大气、土壤和水资源造成污染。例如，美国加利福尼亚州里士满矿区的酸性矿水 pH 低至 3.6；西班牙阿斯纳科利亚尔黄铁矿污泥泄露事件，1998 年由于水坝溃决导致数十亿升酸性矿山尾矿溢出，泄漏的污泥直接对河岸和临近的 $26km^2$ 的农田造成了污染，污染范围甚至延伸到了下游 45km 的区域，初步估计被污染的水体和土壤里含有 16 000t 锌和铅、10 000t 砷、4000t 铜、1000t 锑、120t 钴、100t 铊和铋、50t 镉和银、30t 汞和 20t 硒。

此外，由于各个国家和地区的教育、文化价值和社会价值体系的不同，导致了不同国家和地区在土地利用和土地管理的决策上处于不同的阶段，土地拥有者的教育水平和社会价值水平则直接影响了土地实际利用中是否进行了有利于可持续发展的管理和保护。在很多国家和地区，土地管理法制建设并不完善，土地利用管理没有相应标准，这种情况下就出现了很多“只看钱，不看前”的企业，生产中产生的污染物随意堆放，部分企业铤而走险，偷排生产废水，对土地、河流和地下水体造成了严重的污染。

1.3 土壤环境调查的发展与现状

从欧美发达国家的发展历史来看，城市发展的进程中必然会伴随着郊区化和逆城市化的过程，伴随着这个过程会产生大量因企业搬迁或产业结构升级、城市布局调整而遗留下来的“棕地”（Brownfield Site）。欧美发达国家自 20 世纪 70 年代开始针对这类环境问题采取了一系列措施，包括制定政策法规、编制行业标准、设立修复基金、鼓励修复技术与设备创新等。

例如，美国国会1969年通过了《国家环境政策法》（National Environmental Policy Act），这是美国史上第一部使环境保护成为国家政策的法规，也是第一部有关土壤污染防治和修复的综合性法律。该法共分为两篇，第一篇阐明了美国的环境政策和目标，规定了实现这些目标的方法及该法与其他法律的关系等基本方针，其中最重要的是规定了环境影响评价报告书制度；第二篇规定建立了环境质量委员会，并规定了其职责。1980年，美国国会颁布了《综合环境响应，赔偿与责任法》（The Comprehensive Environmental Response, Compensation, and Liability Act, CERCLA），也称作《超级基金法案》。其主要目的在于修复全国范围内的污染地块，并明确清洁费用的责任人，对土壤污染采取“谁污染，谁治理”的原则。

德国在1971年首次提出把土壤保护作为政治行动的目标，并于1985年出台了《德国联邦政府土壤保护战略》。1987年，德国出台了《土壤保护行动计划》，并在联邦和州内成立了不同的土壤保护问题委员会，这些委员会在土壤保护和土壤保护法律的发展中发挥着重要的作用。1998年，德国通过了《联邦土壤保护法案》，1999年3月开始实施《区域规划法案》《建设条例》。《联邦土壤保护法案》对“棕地”这一概念进行了阐释，同时提供了土壤污染清除计划和修复条例；《区域规划法案》和《建设条例》则涵盖了土地开发、限制绿色地带（Green Filed，指未被污染、可开发利用的土地）开发方面的规则，并制定了土壤处理细则方面的基本指南。在“棕地”再开发方面，1998年，德国环境署公布了《环境项目草案》，明确了“棕地”再开发的目标。除此之外，德国多个州的相关机构也建立了“棕地”启动计划，计划通过建立财富基金的方式进行“棕地”再开发。

日本是工业化较早的国家，也是亚洲乃至世界范围内较早对土壤污染防治单独立法的国家。日本政府于1970年颁布了《农用地土壤污染防止法》，在这日本第一部关于土壤治理的法律中，对农业耕地的土壤污染预防和治理着重进行了约束，并制定了一些针对农用地土壤污染的具体制度措施。1986年，日本环境厅制定了《市街地土壤污染暂定对策方针》，1991年制定了《土壤污染环境标准》，确定了镉等10项监测指标的标准限值，并先后于1994年和2001年两次对《土壤污染环境标准》进行修订，追加三氯乙烯、氟等17项监测指标。在此期间，日本环境厅先后制定了《与重金属有关的土壤污染调查·对策方针》《与有机氯化合物有关的土壤·地下水对策暂定方针》和《关于土壤·地下水污染调查·对策方针》，明确了“棕地”调查的基本程序和应对措施。此外，日本从1999年开始实施《环境影响评价法》，并且将土壤环境也纳入了评估范围。2002年，日本颁布《土壤污染对策法》，正式建立了自行调查和依政府调查的两种土壤污染调查制度，还对调查的地域范围、超标地域的确定，以及治理措施、调查机构、支援体系、报告及检查制度（杂则）、惩罚条款等都做出了具体规定。《土壤污染对策法》运用了环境风险应对的观点，对工厂、企业废止和转产及进行城市再开发等事业时产生的土壤污染进行了约束。

韩国于1995年颁布了《土壤环境保护法》，此后经历了多次修订。该法首先规定了土壤污染损害的严格责任制度，然后对污染土壤的责任界定方式进行了明确的解释。同时，该法还对污染土壤修复的实施程序进行了规定，明确了市长/省长、市、郡、区的负责人可命令责任人在总统法令规定的期限内，对污染土壤采取相关措施；对于无明确责任人的污染土壤，各负责人可以自行采取措施对其进行进化。

英国到目前为止还没有专门针对土壤污染防治的法律规定。但是英国立法机构在对英国1990年颁布的《环境保护法》进行修订时，增加了"Part ⅡA"专章，这也是目前英国土壤污染防治最重要的法规。该法成为英国确定、评估和修复污染场地的规范要求。其主要内容包括：①将风险评估的理念纳入了土壤污染的评估，并明确了受污染场地的定义。②赋予地方政府主要执行权，由中央政府支援地方政府执法。③规定了土壤污染整治工作的三大步骤即事前风险危害评估、污染修复和事后持续监测关注三步。2000年，英国环保局制定了《污染场地条例》，随后，英国的环境、运输和地方事务部颁布了《关于污染场地管理的导则》，为《污染场地条例》的具体实施提供了具体的依据和规范。

我国关于土地分类的规定和划分共有三种，分别是：按照《中华人民共和国土地管理法》规定进行的三大类划分，按照《城市用地分类与规划建设用地标准》（GB 50137—2011）进行的两部分、10大类、41中类、56小类划分和按照《土地利用现状分类》（GB/T 21010—2017）进行的两级分类体系划分。前文中的"棕地"一词，在概念及定义上基本与《城市用地分类与规划建设用地标准》（GB 50137—2011）中"H11城市建设用地"概念相衔接。各常用分类方式中关于"建设用地"的分类关系对照如表1.1所示。

2019年8月26日，第十三届全国人大常委会第十二次会议通过了《关于修改〈中华人民共和国土地管理法〉、〈中华人民共和国城市房地产管理法〉的决定》，对《中华人民共和国土地管理法》进行了第三次修正。新修正的《中华人民共和国土地管理法》第四条对国家土地分类进行了明确。

国家编制土地利用总体规划，规定土地用途，将土地分为农用地、建设用地和未利用地。严格限制农用地转为建设用地，控制建设用地总量，对耕地实行特殊保护。农用地是指直接用于农业生产的土地，包括耕地、林地、草地、农田水利用地、养殖水面等；建设用地是指建造建筑物、构筑物的土地，包括城乡住宅和公共设施用地、工矿用地、交通水利设施用地、旅游用地、军事设施用地等；未利用地是指农用地和建设用地以外的土地。使用土地的单位和个人必须严格按照土地利用总体规划确定的用途使用土地[2]。

2010年12月24日，为统筹城乡发展，集约节约、科学合理地利用土地资源，住房和城乡建设部与国家质量监督检验检疫总局联合发布了《城市用地分类与规划建设用地标准》（GB 50137—2011），用于城市、县人民政府所在地镇和其他具备条件的镇的总体规划和控制性详细规划的标志、用地统计和用地管理工作，该标准于2012年1月1日正式实施。

表1.1　常用土地分类方式中“建设用地”分类对照

<table>
<tr><th colspan="2">《土地利用现状分类》（GB/T 21010—2017）</th><th rowspan="2">《中华人民共和国土地管理法》分类</th><th colspan="4">《城市用地分类与规划建设用地标准》（GB 50137—2011）</th></tr>
<tr><th>名称</th><th>编码</th><th colspan="3">城乡用地分类</th><th>城市建设用地分类</th></tr>
<tr><td>水田</td><td>0101</td><td rowspan="22">农用地</td><td rowspan="22">E 非建设用地</td><td>E1 水域</td><td>E13 坑塘沟渠</td><td rowspan="22"></td></tr>
<tr><td>水浇地</td><td>0102</td><td rowspan="21">E2 农林用地</td><td rowspan="21">耕地
园地
林地
牧草地
设施农用地
田坎
农村道路
其他农用地</td></tr>
<tr><td>旱地</td><td>0103</td></tr>
<tr><td>果园</td><td>0201</td></tr>
<tr><td>茶园</td><td>0202</td></tr>
<tr><td>橡胶园</td><td>0203</td></tr>
<tr><td>其他园地</td><td>0204</td></tr>
<tr><td>乔木林地</td><td>0301</td></tr>
<tr><td>竹林地</td><td>0302</td></tr>
<tr><td>红树林地</td><td>0303</td></tr>
<tr><td>森林沼泽</td><td>0304</td></tr>
<tr><td>灌木林地</td><td>0305</td></tr>
<tr><td>灌丛沼泽</td><td>0306</td></tr>
<tr><td>其他林地</td><td>0307</td></tr>
<tr><td>天然牧草地</td><td>0401</td></tr>
<tr><td>沼泽草地</td><td>0402</td></tr>
<tr><td>人工牧草地</td><td>0403</td></tr>
<tr><td>农村道路</td><td>1006</td></tr>
<tr><td>水库水面</td><td>1103</td></tr>
<tr><td>坑塘水面</td><td>1104</td></tr>
<tr><td>沟渠</td><td>1107</td></tr>
<tr><td>设施农用地</td><td>1202</td></tr>
<tr><td>田坎</td><td>1203</td></tr>
</table>

续表

《土地利用现状分类》（GB/T 21010—2017）名称	编码	《中华人民共和国土地管理法》分类	《城市用地分类与规划建设用地标准》（GB 50137—2011）城乡用地分类			城市建设用地分类	
其他草地	0404	未利用地	E 非建设用地	E1 水域	E11 自然水域		
河流水面	1101			E9 其他非建设用地	盐碱地 沼泽地 沙地 裸地 不用于畜牧业的草地 其他非空闲地		
湖泊水面	1102						
沿海滩涂	1105						
内陆滩涂	1106						
沼泽地	1108						
冰川及永久积雪	1110						
盐碱地	1204						
沙地	1205						
裸土地	1206						
裸岩石砾地	1207						
零售商业用地	0501	建设用地		E1 水域	E12 水库		
批发市场用地	0502			E9 其他非建设用地	空闲地		
餐饮用地	0503		H 建设用地	H1 城乡居民点建设用地	H11 城市建设用地	R 居住用地	R1 一类居住用地
旅馆用地	0504						R2 二类居住用地
商务金融用地	0505						R3 三类居住用地
娱乐用地	0506					A 公共管理与公共服务设施用地	A1 行政办公用地
其他商服用地	0507						A2 文化设施用地
工业用地	0601						A3 教育科研用地
采矿用地	0602						A4 体育用地
盐田	0603						A5 医疗卫生用地
仓储用地	0604						A6 社会福利用地
城镇住宅用地	0701						A7 文物古迹用地
农村宅基地	0702						A8 外事用地
机关团体用地	0801						A9 宗教用地
新闻出版用地	0802					B 商业服务业用地	B1 商业用地
教育用地	0803						B2 商务用地
科研用地	0804						B3 娱乐康体用地
医疗卫生用地	0805						B4 公用设施营业网点用地
社会福利用地	0806						B9 其他服务设施用地
文化设施用地	0807					M 工业用地	M1 一类工业用地
体育用地	0808						M2 二类工业用地
公用设施用地	0809						M3 三类工业用地

续表

《土地利用现状分类》（GB/T 21010—2017）		《中华人民共和国土地管理法》分类	《城市用地分类与规划建设用地标准》（GB 50137—2011）				
			城乡用地分类			城市建设用地分类	
名称	编码						
公园与绿地	0810	建设用地	H 建设用地	H1 城乡居民点建设用地	H11 城市建设用地	W 物流仓储用地	W1 一类物流仓储用地
军事设施用地	0901						W2 二类物流仓储用地
使领馆用地	0902						W3 三类物流仓储用地
监教场所用地	0903					S 道路与交通设施用地	S1 城市道路
宗教用地	0904						S2 城市轨道交通用地
殡葬用地	0905						S3 交通枢纽用地
风景名胜设施用地	0906						S4 交通场站用地
铁路用地	1001						S9 其他交通设施用地
轨道交通用地	1002					U 公用设施用地	U1 供应设施用地
公路用地	1003						U2 环境设施用地
城镇村道路用地	1004						U3 安全设施用地
交通服务场站用地	1005						U9 其他公用设施用地
机场用地	1007					G 绿地与广场用地	G1 公园绿地
港口码头用地	1008						G2 防护绿地
管道运输用地	1009						G3 广场用地
水工建筑用地	1109				其他城乡居民点建设用地	—	—
空闲地	1201			其他建设用地	—	—	—

《城市用地分类与规划建设用地标准》（GB 50137—2011）中土地使用的主要性质对用地分类进行了划分，包括城乡用地分类、城市用地分类两部分。采用大类、中类和小类3级分类体系。大类采用英文字母表示，中类和小类采用英文字母和阿拉伯数字组合表示。城乡用地共分为建设用地和非建设用地2大类、9中类、14小类，城市建设用地共分为居住用地、公共管理与公共服务设施用地、商业服务业设施用地、工业用地、物流仓储用地、道路与交通设施用地、公用设施用地及绿地与广场用地8大类、32中类、42小类。城乡用地分类中的“H11城市建设用地”与“城市建设用地”概念完全衔接。

2017年11月1日，国家质量监督检验检疫总局和中国国家标准化管理委员会共同发布实施了《土地利用现状分类》（GB/T 21010—2017），以便于全国土地和城乡地政统一管理，科学划分土地利用类型，明确土地利用各类型含义，统一土地调查、统计分类标准，合理规划、利用土地。

《土地利用现状分类》（GB/T 21010—2017）采用一级、二级两个层次的分类体系，共分为耕地、园地、林地、草地、商服用地、工矿仓储用地、住宅用地、公共管理与公共服务用地、特殊用地、交通运输用地、水域及水利设施用地和其他土地 12 个一级类、73 个二级类。土地利用现状分类采用了数字编码，一、二级均采用阿拉伯数字编码，从左到右依次代表一级、二级。

我国对污染场地问题关注得较晚，2004 年原国家环保总局才开始要求对搬迁遗留的污染场地必须进行监测和修复后方可再使用（《关于切实做好企业搬迁过程中环境污染防治工作的通知》环办〔2004〕47 号）。同美国、日本、韩国等发达国家相比，我国现有工业污染场地方面的法律体系、现状调查和特征分析、修复技术研发水平及实际应用经验上还存在较大差距。2014 年，环境保护部发布了《场地环境调查技术导则》（HJ 25.1—2014）、《场地环境监测技术导则》（HJ 25.2—2014）、《污染场地评估风险评估技术导则》（HJ 25.3—2014）、《污染场地土壤修复技术导则》（HJ 25.4—2014）和《污染场地术语》（HJ 682—2014），这五份行业标准文件即是我国城市建设用地土壤环境调查的基础。

2019 年 1 月 1 日，《中华人民共和国土壤污染防治法》（以下简称《土壤污染防治法》）正式实施，确立了我国预防为主、保护优先、分类管理、风险管控、污染担责、公众参与的土壤污染防治基本原则。在《土壤污染防治法》实施的同年，生态环境部土壤生态环境司和法规与标准司组织了中国环境科学研究院、生态环境部土壤与农业农村生态环境监管技术中心、生态环境部环境标准研究所、生态环境部南京环境科学研究所、轻工业环境保护研究所、上海市环境科学研究院及沈阳环境科学研究院七家单位对上述的五份标准文件进行了修订，并于 2019 年 12 月发布实施。此外，生态环境部还在 2018 年和 2019 年分别发布了《污染地块风险管控与土壤修复效果评估技术导则（试行）》（HJ 25.5—2018）和《污染地块地下水修复和风险管控技术导则》（HJ 25.6—2019）。至此，我国的建设用地土壤污染风险管控和修复系列环境保护标准正式形成，通过系列文件的名称变更可以看出，该系列文件在原有的“污染地块”调查、管控和修复的基础上，更改为“建设用地”土壤环境调查、管控和修复，说明“建设用地”一词所包含的范围更加切合工程实际情况。

2014 年 4 月，环境保护部联合国土资源部共同公布了《全国土壤污染状况调查公报》，公报对 2005 年 4 月至 2013 年 12 月期间进行的首次全国土壤污染状况调查的主要数据进行了公布。公报指出，全国土壤环境状况总体不容乐观，部分地区土壤污染较重，耕地土壤环境质量堪忧，工矿业废弃地土壤环境问题突出。工矿业、农业等人为活动及土壤环境背景值高是造成土壤污染或超标的主要原因。全国土壤总的超标率为 16.1%，污染类型以无机型为主，有机型次之，复合型污染比重较小，无机污染物超标点位数占全部超标点位的 82.8%。①

从污染分布情况来看，南方土壤污染重于北方；长江三角洲、珠江三角洲、东北老工业基地等部分区域土壤污染问题较为突出，西南、中南地区土壤重金属超标范围较大；镉、汞、砷、铅 4 种重金属污染物含量分布呈现从西北到东南、从东北到东南方向逐渐升高的趋势。

从不同土地利用类型来看，耕地土壤点位超标率为 19.4%；林地土壤点位超标率为 10.0%；草地土壤点位超标率为 10.4%；未利用地土壤点位超标率为 11.4%。

从典型地块及周边土壤污染状况来看，在调查的 690 家重污染企业用地及周边的 5846 个土壤点位中，超标点位占 36.3%；在调查的 81 块工业废弃地的 775 个土壤点位中，超标点位占 34.9%；在调查的 146 家工业园区的 2523 个土壤点位中，超标点位占 29.4%；在调查的 188 处固体废物处理处置场地的 1351 个土壤点位中，超标点位占 21.3%；在调查的 13 个采油区的 494 个土壤点位中，超标点位占 23.6%；在调查的 70 个矿区的 1672 个土壤点位中，超标点位占 33.4%；在调查的 55 个污水灌溉区中，有 39 个存在土壤污染，在 1378 个土壤点位中，超标点位占 26.4%；在调查的 267 条干线公路两侧的 1578 个土壤点位中，超标点位占 20.3%。从上述数据可以看出，工业场地污染已显现出普遍性。

2018 年，中国城市规模以上工业企业数逾 36.08 万个[3]，比 2008 年同比减少 3.81%；工业用地面积为 11 026.77km^2[4]，比 2008 年同比增长 37.23%；其中分布于市辖区的企业数占 46.82%，比 2008 年同比降低 1.7%。其中，广东省城市工业用地面积超过 1364km^2，比 2008 年同比增长 36.4%，市辖区工业企业数依旧位居全国第一，达到 29 191 个，比 2008 年同比减少 6982 个。浙江、江苏、山东三省辖区企业数依旧超过 1 万个，上海市工业企业数减少至 8145 个，青海、西藏、海南等三省（自治区）的工业企业数最少，低于 400 个。

据统计，2001 ~ 2008 年，我国关停并转迁企业数由 6611 个迅速增长至 22 488 个，增速为 1984 个/年，总数超过 10 万个。未来，已有的大量工业场地遗址，以及在随城市化不断进行和产业结构调整而出现的新的工业场地遗址，尤其是发达地区的重污染行业遗留工业场地，将成为这些城市发展的一大严重环境问题。

从上述数据可以看出，伴随着中国人口的增长和城市化进程的推进，城市建设用地安全使用问题已经成为制约城市经济发展和群众安心生活的一大问题。《土壤污染防治法》第五十九条明确规定了“对土壤污染状况普查、详查和监测、现场检查表明有土壤污染风险的建设用地地块，地方人民政府生态环境主管部门应当要求土地使用权人按照规定进行土壤污染状况调查。用途变更为住宅、公共管理与公共服务用地的，变更前应当按照规定

① http：\ www. mee. gov. cn/gkm/sthjbgw/qt/201404/t20140417_270670. htm.

进行土壤污染状况调查。前两款规定的土壤污染状况调查报告应当报地方人民政府生态环境主管部门，由地方人民政府生态环境主管部门会同自然资源主管部门组织评审”。从某种意义上来说，建设用地土壤环境调查已经成为城市建设用地使用、转让、用途变更的第一步。这一情况的出现，导致了土壤环境调查和修复很快地成为环保行业的新领域。在国家政策的便利环境下，该行业发展迅速。据统计，截至2021年底，全国土壤环境信息平台登记注册的建设用地土壤污染风险管控和修复从业单位已超过3500家，覆盖了前期的调查评估、中期的咨询和修复，以及后期的验收工作。但是从企业资质规模来看，规模大、工程经验丰富的企业还是相对较少，大多数企业是从其他行业转行而来，人员技术力量和经验还不能完全满足市场和工程项目的需求。

根据建设用地土壤污染风险管控和修复系列标准文件，目前建设用地土壤环境调查程序主要分为三个阶段：第一阶段为地块信息调查和污染物识别，第二阶段是编制调查工作方案和采样分析，第三阶段主要是风险评估和修复。其中，第二阶段又分为初步采样调查和详细采样调查。

在实际调查工作中，受到资质、设备和人员的限制，一些具备检测资质的单位缺乏采样设备和人员技术力量，无法完成调查工作方案的编制和检测数据的分析；部分专业采样单位又缺乏检测资质和人员；还有一些机构只具备调查工作方案编制和数据分析的能力。这种从业单位能力不全面的情况造成了土壤环境调查工作中常见的采测分离、分包转包的现象。很多项目是由调查工作方案编制单位、检测单位分包或由调查责任方直接委托多方进行采样、检测和数据分析。不同的单位，其工作质量不一，同时国家和有关部门针对建设用地土壤环境调查工作的质量控制并未做出完善的规定和要求，这就导致了各部分的工作汇总后，最终成果质量难以保证。

1.4 粤港澳大湾区建设用地土壤污染防治的思考

粤港澳大湾区（Guangdong-Hong Kong-Macao Greater Bay Area，GBA）是由香港、澳门两个特别行政区和广东省广州、深圳、珠海、佛山、惠州、东莞、中山、江门、肇庆等9个城市组成的城市群，占地总面积为5.6万km^2，2018年末总人口已经超过7000万，是国家对标美国纽约湾区、旧金山湾区和日本东京湾区，建设世界级城市群、参与全球竞争的重要空间载体[5]，也是中国开放程度最高、经济活力最强的区域之一，在国家发展大局中具有重要战略地位。

多年的社会经济发展既给大湾区带来了经济上的丰硕成果，也带来了不容忽视的环境问题。占据大湾区主要地域的珠江三角洲区域，与长江三角洲和京津冀地区一样是我国土壤污染防治的重点区域，因其城市化推进及“退二改三”“退城进园”等政策的实施和土地流转的巨大需求，使得城市建设用地再利用过程中的土壤环境问题日益凸显。香港作为中国城市化进程较早的地区，对土壤环境问题的关注和整治较早，尤其是在20世纪70年代末因其制造业基地向珠三角地区城市转移而形成的大量工业企业用地的再利用问题，加快了香港特别行政区政府对土壤污染防治专项法规和管控规范的出台，建立了较完善的风险管控制度体系[6]~[11]。澳门因其土地稀缺和历史工业较少，其土壤污染及整治的需求相对较少，主要将污染场地评估与勘查工作纳入环境影响评价工作中实施[12]。

自2016年《土壤污染防治行动计划》实施以来，珠三角各城市全面开展了土壤环境调查工作，各城市结合本地区实际因地制宜，逐步建立了具有各自特色的风险管控制度体系。例如，广州构建了全程覆盖、审查归一的清单式监管体系，因其高效的监管措施构建和推进，一度成为我国污染场地环境监管的探路者[13]。

深圳建立了规划把关、准入严格的交互式监管体系，在省级法律制度和技术框架下，深圳结合本地实际，强化城市国土空间规划和工业用地供应管理，将污染场地土壤环境监管要求纳入城市总体规划和年度土地整备计划。在此基础上，印发实施《建设用地土壤环境调查评估工作指引（试行)》，明确了需开展地块土壤环境质量调查评估的项目范围和评估主体，规范了相关工作流程。

东莞形成了以《东莞市生态文明建设促进与保障条例》为制度，以《东莞市建设用地开发利用土壤环境管理实施方案（试行)》为核心，以《关于加强建设用地审批管理落实土壤污染防治要求的通知》和《东莞市建设用地场地环境调查工作及评审技术要点》为规范的流程清晰、职责分明的立体化监管体系，整合生态环境、自然资源、城乡规划、土地储备、城市更新等部门职责，细化了市属部门和镇街部门的具体职责，环环相扣，流程化地推进城市建设用地安全再利用。

韶关作为国家土壤污染防治先行区城市、国家重点行业企业用地调查试点城市，本着先行试点出模式、出经验、出效果的目标，充分发挥了引领广东省乃至全国土壤污染防治方向和进程的重要作用[14]。先行区建设期间开展的产学研用试点、在产行业风险管控试点等工作，积累了宝贵的实践经验，并及时总结固化为技术与管理文件，为其他地区开展相关工作提供了管理样本；抓住了土壤环境问题的突出区域、主要污染物，以工程项目为依托，组织各方力量大力开展工程技术的联合攻关，逐步形成了一套又一套的污染土壤风险管控与治理修复的工程技术模式，为解决当前我国土壤污染防治科技支撑技术水平不足的问题提供了技术模式样本；结合了城市发展战略、资源枯竭型城市转型发展、经济社会绿色高质量发展等城市发展战略，坚持以风险可控为前提开展土地价值的重塑，提高了土壤风险管控与治理修复项目的现实意义，丰富了其内涵；注重实践技术、经济、工程、管理的四维统筹性和可推广性，以工程项目实施为载体，通过工程、技术、经济和管理四者之间不断统筹、磨合、优化和完善，以技术实现预期目标，以经济实现可实施性，以管理保障顺利有序实施，验证了模式的成熟性和可推广性[15]。

2019年2月18日，中共中央、国务院印发《粤港澳大湾区发展规划纲要》。按照规划纲要，粤港澳大湾区不仅要建成充满活力的世界级城市群、国际科技创新中心、“一带一路”建设的重要支撑、内地与港澳深度合作示范区，还要打造成宜居宜业宜游的优质生活圈，成为高质量发展的典范。大湾区“2区9市”因其地缘的相近性，土壤特性和水文地质特性等自然条件相似，呈区域性特征，加上城市化进程和经济发展的相似性，在土壤污染风险管控、治理与修复技术和管控策略等方面具有互通性、共用性和借鉴性。但在“一国两制”制度下，粤港澳大湾区城市在城市建设用地再开发利用及其监管过程中在政治制度、环境标准及治理架构等方面的差异，使得城市建设用地风险管控法律法规、技术体系和管理体系等存在较大差异。

建设用地土壤环境调查是为建设用地土壤污染风险管控和修复提供基础数据和信息的最主要来源，保证其调查数据和信息的真实性、全面性、科学性和准确性对于构建适用于粤港澳大湾区城市建设用地土壤污染状况风险管控制度，优化粤港澳三地城市建设用地管控政策，加强污染场地土壤治理修复技术交流与合作，建立高效、经济、安全的城市建设用地可持续发展模式，促进粤港澳大湾区国际一流湾区和世界级城市群、空港群建设目标的实现具有重要意义。

1.5 粤港澳大湾区建设用地的性质状况

城市建设用地主要包括居住用地、公共管理与公共服务用地、商业服务业设施用地、工业用地、物流仓储用地、道路交通设施用地、公用设施用地、绿地与广场用地。根据住房和城乡建设部公示的《城市建设统计年鉴》统计数据①，近年来，深圳、广州、东莞等珠三角地区的建设用地面积趋于稳定。较建设用地的面积来说，深圳的居住用地占比约为23%，工业用地占比约为28%（表1.2）；广州的居住用地占比约为30%，工业用地占比约为26%（表1.3）；东莞的居住用地占比约为26%，工业用地占比约为35%（表1.4）。面对城市人口剧增、新型产业的逐步发展，深圳、广州、东莞等珠三角地区建设用地类型的变更成为城市发展过程的重要阶段。

表1.2 深圳2016~2020年建设用地统计数据 （单位：km^2）

年份	市区面积	建成区面积	城市建设用地面积							
			居住用地	公共管理与公共服务用地	商业服务业设施用地	工业用地	物流仓储用地	道路交通设施用地	公用设施用地	绿地与广场用地
2016	1 997.27	923.25	208.61	59.65	35.73	273.42	20.32	229.92	23.11	70.69
2017	1 997.47	925.2	211.75	60.03	37.26	273.14	20.16	235.18	23.77	71.63

① http://www.mohurd.gov.cn/xytj/tjzljsxytjgb/jstjnj/.

续表

年份	市区面积	建成区面积	城市建设用地面积							
			居住用地	公共管理与公共服务用地	商业服务业设施用地	工业用地	物流仓储用地	道路交通设施用地	公用设施用地	绿地与广场用地
2018	1 997.47	927.96	212.93	37.72	60.65	273.42	20.24	237.88	24.00	72.67
2019	1 997.47	960.45	212.93	37.72	60.65	273.42	20.24	237.88	24.00	72.67
2020	1 986.41	955.68	227.48	37.72	60.65	273.42	20.24	237.88	24.00	72.67

表 1.3 广州 2016～2020 年建设用地统计数据 （单位：km^2）

年份	市区面积	建成区面积	城市建设用地面积							
			居住用地	公共管理与公共服务用地	商业服务业设施用地	工业用地	物流仓储用地	道路交通设施用地	公用设施用地	绿地与广场用地
2016	7 434.40	1 249.11	212.75	76.88	60.24	186.37	19.79	77.86	7.05	26.70
2017	7 434.40	1 263.34	218.71	110.76	56.40	190.21	20.02	78.54	7.11	26.77
2018	7 434.40	1 300.01	220.72	111.28	57.94	192.10	20.77	78.98	7.15	26.88
2019	7 434.40	1 324.17	223.18	111.70	58.42	194.34	21.07	79.22	7.17	26.96
2020	7 434.40	1 350.40	223.18	111.70	58.42	194.34	21.07	79.20	7.17	26.96

表 1.4 东莞 2016～2020 年建设用地统计数据 （单位：km^2）

年份	市区面积	建成区面积	城市建设用地面积							
			居住用地	公共管理与公共服务用地	商业服务业设施用地	工业用地	物流仓储用地	道路交通设施用地	公用设施用地	绿地与广场用地
2016	2 465.00	958.86	277.17	48.20	57.38	367.94	15.83	174.89	26.61	95.13
2017	2 465.00	988.89	279.79	49.25	60.48	385.06	16.07	180.11	25.85	89.16
2018	2 465.00	1 007.76	283.10	52.07	62.24	398.44	16.89	184.35	26.36	88.39
2019	2 460.08	1 194.31	312.06	66.69	77.78	424.55	17.78	271.49	11.54	12.42
2020	2 460.08	1 194.31	312.06	66.69	77.78	424.55	17.78	271.49	11.54	12.42

香港和澳门城市发展起步较早，至 20 世纪 90 年代已经基本发展成熟，同时受制于有限的土地资源，因此近 20 年来建设用地增长缓慢。深圳在经历了 20 世纪八九十年代突飞猛进式的增长之后，也逐渐趋于成熟，在 2000 年后建设用地增长逐渐减缓。中山、佛山、东莞等城市属于大湾区发展“第二梯队”，紧邻核心城市，在核心城市带动下建设用地保持了较快增长，但由于建设用地逐渐饱和，建设用地占城市土地比例偏高，因此在 2010～

2017年建设用地增长速度有所减缓。惠州、肇庆、江门等城市位于大湾区相对边缘的位置，发展起步较晚，但随着核心城市及“第二梯队”城市土地资源日趋紧张，这些城市因为其充足的土地资源，建设用地增长不断加速，未来将成为大湾区新增建设用地的主要承载地。广州由于白云区、黄浦区、南沙自贸区等新城、新区、产业园区的陆续大规模开发，使得广州作为发展较为成熟的核心城市，仍然保持了较快的建设用地增长速度，且有不断加快的趋势。珠海由于其城市发展战略重点关注城市环境和景观建设，其建设用地增长一直维持在一个较为稳定的状态，近年来由于横琴等地的大规模开发，使得建设用地增长速度有所加快[16]。

在国家建设用地土壤污染风险管控要求下，以广州、深圳和东莞为代表的珠三角城市在实践中逐步构建了切实有效的建设用地土壤污染风险管控体系。该体系覆盖了城市规划、监管范围、技术要求、监测监管、从业单位管理和联动监管等方面，各城市结合实际需求有所侧重。

广州明确要求市辖区内建设用地用途变更及农用地变更为住宅、公共管理和公共服务用地的，须开展土壤污染状况调查工作①，具有以下情形须组织土壤污染状况调查报告评审：①建设用地地块经土壤污染状况普查、详查和监测、现场检查表明有土壤污染风险的；②用途变更为住宅、公共管理与公共服务用地的（住宅用地、公共管理与公共服务用地之间相互变更的，原则上不需要进行调查，但公共管理与公共服务用地中环卫设施、污水处理设施用地变更为住宅用地的除外）；③土壤污染重点监管单位生产经营用地的用途变更或土地使用权收回、转让的；④从事过有色金属矿采选、金属冶炼、石油加工、化工、焦化、电镀、制革、造纸、印染、汽车拆解、造船、医药制造、铅酸蓄电池制造、废旧电子拆解和危险化学品生产、储存、使用等行业企业用地，从事过危险废物储存、利用、处置活动的用地，火力发电、燃气生产和供应、垃圾填埋场、垃圾焚烧场、市政及工业园区污水处理厂和污泥处理处置等用地，其用途变更或土地使用权收回、转让的②。

深圳要求开展土壤污染状况调查的地块包括：①经土壤污染状况普查、详查和监测、现场检查表明有土壤污染风险的建设用地；②拟用途变更为住宅、公共管理与公共服务用地的地块；③住宅用地、公共管理与公共服务用地之间相互变更的，原则上不需要进行调查，但公共管理与公共服务用地中环卫设施、污水处理设施用地变更为住宅用地的除外；④拟终止生产经营活动，变更土地用途或拟收回、转让土地使用权的土壤污染重点监管单位生产经营用地；⑤拟收回、已收回土地使用权的，以及用途拟变更为商业、新型产业用地（M0）的重点行业企业生产经营用地；⑥城市更新后用地功能规划变更为商业服务业用地和新型产业用地的地块；⑦拟转为建设用地的C类农用地（土壤中污染物含量超过农

① 《建设用地土壤污染防治　第1部分：污染状况调查技术规范》（DB44011/T 102.1—2020）。

② 《广州市生态环境局关于进一步实施建设用地土壤环境管理“放管服”改革的通知》（穗环规字〔2021〕1号）。

用地土壤污染风险管制值)；⑧法律、法规和规章等规定需要开展土壤污染状况调查的其他用地①。

东莞为进一步加强建设用地开发利用过程的土壤环境风险管控，引导土壤污染状况调查第三方市场健康发展，确保土壤调查工作真实、准确、完整，于2020年9月18日印发了《关于开展东莞市建设用地土壤污染状况调查督查工作的通知》，要求在东莞市行政辖区范围内按照《东莞市建设用地开发利用土壤环境管理实施方案（试行)》(东环〔2018〕310号）要求需要开展土壤污染状况调查的建设用地，需要开展督查工作。督查工作由东莞市生态环境局及其委托的第三方机构相关工作人员组成的督察组负责②。

香港明确规定可能造成土地污染的工业企业地块包括燃油设施（油库、加油站)、煤气厂、发电厂、船厂与船埠、化学品制造及加工、钢铁厂、金属工场、汽车修理工场及拆车工场和废铁场等，体现了香港污染场地再开发的主要用地来源及关注重点。此外，香港填海造地的比例也较高，占建成区扩展总面积的30%以上，填海土壤层中由从前的海床组成的部分可能受到污染，特别是针对市区附近由填海而得的土地，其环境质量状况也是香港土壤风险管控的关注情形之一[17]。香港已进入后城市化阶段，其城市高度发展，土地利用高度集约，短中期（10a）内急需依靠“棕地”开发来缓解目前建设用地紧缺的现状，其城市污染场地再开发流转较为迫切[18]。香港针对市区住宅、乡郊住宅、工业用地和公园用地这4种用地类型建立了修复整治标准，而其他用地（市区多层大厦、乡村底层楼宇、学校和设有运动场馆的公园等）需根据用地情形和暴露途径等划分到4类中进行修复整治。

《粤港澳大湾区发展规划纲要》提出加强大湾区环境保护和治理，开展粤港澳土壤治理修复技术交流与合作，积极推进受污染土壤的治理与修复示范，强化受污染地块的安全利用。随着珠三角各市城市更新的深入推进，将对建设用地土壤污染风险管控策略的安全性、精细化和时效性提出更高的要求，强化大湾区“2区9市”在建设用地土壤污染风险管控上的技术交流与合作，采用行政协议、区域规划和联合技术攻关等手段，探索建立大湾区建设用地土壤污染风险管控的区域联盟机制。

1.6 建设用地环境资产价值与环境经济核算体系

环境经济核算是在国民经济核算的基础上，考虑环境与经济的关系进行全面核算。为进行环境经济核算的理论方法即称为环境经济核算体系（System of Environmental Economic Accounting，简称SEEA)。在环境经济核算的研究和实践中，联合国等国际组织发挥着重要的连接作用，一方面是提供支持和指导，另一方面对研究实践成果予以总结和提高。其

① 《深圳市建设用地土壤污染状况调查与风险评估工作指引》(2021年版)。
② 《关于开展东莞市建设用地土壤污染状况调查督查工作的通知》。

中，影响最深远的就是在联合国主持下编撰的一系列环境经济核算手册。早在20世纪70年代，许多经济学家和统计学家就对国民经济核算提出了质疑，并进行了相关的尝试、设想、研究和实践，试图构造出环境经济核算框架。1993年，随着国民经济核算体系1993修订版的发布，环境经济核算较为完整的框架才作为国民经济核算体系的附属账户由联合国推出，即《综合环境与经济核算（临时版本)》，简称SEEA-1993手册。该手册整合了此前数年中讨论和应用的不同概念和方法，把自然资源和环境核算领域不同学派的方法综合在一起。通过综合，确定了环境经济核算的基础和有关基本概念，给出了环境经济核算的基本框架和内容，为下一步的研究实践提供了空间[19]。

自SEEA-1993手册推出之后，环境经济核算成为国际性前沿研究领域，备受关注。联合国等国际组织先后发布数版方法手册，《环境经济核算体系2012——中心框架》（以下简称SEEA-中心框架）已经作为国际统计标准颁布。随后，联合国组织相关专家开发了《实验性生态系统核算》手册（以下简称SEEA-EEA），并于2014年发布。SEEA-EEA手册第一次对生态系统核算提出了系统的定义，展示了其核算框架和后续的操作性建议。我国生态领域的专家对生态核算也有不少积累和尝试，但作为规范的、可以与国民经济核算和环境经济核算对接的生态系统核算直到近期才有了突破性进展，并由此涌现出了一波有关生态系统生产总值（Gross Ecosystem Product，GEP）测算的研究。比较有代表性的一是欧阳志云带领的中国科学院团队在生态补偿前提下对生态系统生产总值的指标开发及在省域、县域层面开展的试点测算，二是生态环境部规划院马国霞、於方等针对全国陆地生态系统生产总值所做的试算。GEP作为一个新概念的核算指标，为什么会在当下中国出现并引起管理部门的重视？中国人民大学统计学院高敏雪对相关问题进行了研究讨论，并归纳总结为三个原因。第一是中国四十年经济高速发展带来了非常严峻的环境问题，对这些问题的关注，经历了从资源到环境再到生态系统的视角演进过程，对于大规模的资源管理、环境保护举措，必须放到生态系统这个平台上才能给予更全面的认识，是中国生态文明建设需求引领所致。第二是国际上一直在开展针对生态系统核算的探索，特别是在联合国发布SEEA-中心框架作为国际统计标准的同时形成了SEEA-EEA手册。其中，有关生态系统服务的概念定义、范围界定及在核算中可供选择的多种方法，均可作为生态系统生产总值指标开发和核算的方法论基础。综合考察上述两个团队当前已经取得的成果，可以清晰地看到这部手册的影响。第三是生态价值评估在生态研究领域已经过多年开发，大到“千年生态价值评估”这样的全球性大动作，小到各种集中于当时当地特定主体的生态价值评估项目，为生态系统生产总值从功能量到价值量的估算积累了方法和经验，提供了核算基础[20]。

2021年2月23日，深圳市市场监督管理局发布了《深圳市生态系统生产总值核算技术规范》（DB4403/T 141—2021）（以下简称《技术规范》），标志着我国第一个完整的生态系统生产总值核算制度体系正式完成。深圳市生态环境局副局长张亚立在介绍深圳市

GEP 核算制度体系时言道：“目前我市完成了以 GEP 核算实施方案为统领，以技术规范、统计报表制度和自动核算平台为支撑的‘1+3’核算制度体系，高质量地完成了中央、国务院关于支持深圳建设社会主义先行示范区《意见》要求的‘探索实施生态系统服务价值核算制度’这项任务，且核算制度体系建设理念与技术方法均走在世界前列。这一体系将在深圳未来发展过程中，提供更多优质生态产品以满足人民日益增长的优美生态环境需要，推动深圳人与自然和谐共生，生态环境保护与社会经济协调发展。”①

纵观《技术规范》全文能够发现，其评估的主要内容包含了 SEEA-EEA 手册列明的供应服务、调节服务和文化服务三个方面。从详细的评价指标来看，其侧重的是自然生态系统内各单项环境资产之间的相互作用，以及经济和其他人类活动从自然生态系统服务中获得的广泛的物质性（比如供应服务）和非物质性收益（比如调节服务或文化服务）。对于进行核算的大多数环境资产而言，都有可以直观显示其对经济活动具有的物质供应作用，但是土地除外。土地除了提供地下土壤资源作为自然资源如土壤量、土壤水及有机物等实物投入上的价值外，它所代表的地上空间还提供了从事经济活动和其他活动的场所及资产所处的场所，尽管土地的这一作用是非物质的，但它却是经济活动的基本投入，因此具有重要的价值[21]。最常见的例子是，受污染土地和未受污染土地，其在使用过程中消耗的时间成本和经济成本相差甚远。根据 2019 年《中国城市统计年鉴》，2018 年深圳市行政区域面积为 1997km^2，其中城市建设用地面积为 940km^2，城市建设用地占市区面积比例为 47.07%，建成区绿化覆盖率为 44.98%。从上述数据来看，若按照自然生态系统所含的森林生态系统、草地生态系统、湿地生态系统等进行价值核算，那么将会有大量建设用地分类的土地环境资产价值无法纳入核算统计，这将对以城市为统计范围的生态系统核算产生较大的影响。

生态环境文明建设是关系人民福祉、关系民族未来的大计。党的十八大以来，以习近平同志为核心的党中央以高度的历史使命感和责任担当，直面生态环境面临的严峻形势，高度重视社会主义生态文明建设。虽然 SEEA-EEA 手册还不是开展生态系统价值核算的官方指南，核算指标的完整性和适用性还有待商榷；针对相关问题，联合国统计署也在积极征集全球各国意见，开展新一轮的修编工作；但在国内，环境经济核算的相关研究也已有了长足的发展，系统化、规范化的环境经济核算及城市生态系统生产总值核算体系建设之路前景一片光明。希望本书整理的内容能够为城市建设用地在环境经济核算中的价值量核算提供基础数据和质量保证。

① http：//meeb.sz.gov.cn/xxgk/qt/tpxw/content/post_8644523.html.

2 建设用地土壤环境调查的规范和工作程序

2019年1月1日，《中华人民共和国土壤污染防治法》正式实施。历经三审“锤炼”，这部专门规定土壤污染防治的法律终于掀开了面纱，填补了我国土壤污染防治立法的空白，建立了系统的土壤污染防治体系，为我国土壤生态环境安全奠定基石。

长期以来，我国的立法体系表现为国家立法与地方立法共存的状态，而在每一层级，又分为人民代表大会立法和政府立法两种形式。在法律层面，涉及土壤污染防治的法律有十余部。其中，《宪法》作为国家的根本大法，对土壤污染防治制定了最高层级的指导性规定。其第10条第5款、第26条第1款从国家责任和个人义务的角度均提出了“合理利用土地”的要求。

2.1 土壤污染防治的立法工作进展

2014年新修订的《环境保护法》第32条、第33条、第49条、第50条等条款明确提出了土壤保护和污染防治，提出国家应当加强土壤保护，建立和完善相应的调查、监测、评估和修复制度；建立和健全环境与健康检测、调查与风险评估制度；强调多元主体参与和信息公开等。

《刑法》第338条规定的污染环境罪从刑事犯罪的角度，为土壤污染防治划定了最后的界限，并且修订后的第338条大大降低了污染环境罪的犯罪标准。此外，2021年1月1日实施的《民法典》第七篇——侵权责任篇中以专章的形式规定了“环境污染和生态破坏责任”，开创性地将生态破坏行为涵盖在侵权范围之中，并针对生态环境损害规定了惩罚性赔偿与生态环境修复制度，在民法领域首次回应了生态文明建设的具体现实需求，而土壤污染修复作为生态环境修复的一种形式，其法律体系与法治环境也将受益于《民法典》“生态环境修复”相关条款，并得到完善与优化。

以《农业法》为主的体系主要以保护耕地和农用地为主，以农用地的土壤安全和农产品安全为立法导向，制定了相关原则予以保护；以《土地管理法》为主的体系主要从土地利用规划角度，要求“土地主管部门根据土地利用总体规划、土地利用年度计划和建设用地标准，对建设用地有关事项进行审查，并提出意见，对违反土地管理法律、法规的行为进行监督检查”；以《固体废物污染环境防治法》《水污染防治法》《大气污染防治法》为主的防治“三废”的法律法规体系，从污染形态的角度出发规定“三废”的控制，尽管固体废物、污水和废气都是潜在的土壤污染源，但是也没有对土壤污染防治进行直接、针对性的规范。

除上述法律规定外，国家有关部门也制定了相关行政法规，大部分为上述法律的具体实施细则。例如，1988 年国务院出台的《土地复垦条例》规定，从事开采矿产资源、烧制砖瓦、燃煤发电等生产建设活动，造成土地破坏的企业或个人，按照“谁破坏，谁复垦”的原则，实行土地复垦，同时还对生产建设过程造成土地物理性破坏的，要求采取必要的整治措施，使土地恢复到可供利用的状态。又如国务院 1998 年颁布 2011 年修订的《城市房地产开发经营管理条例》规定，房地产开发项目应当符合土地利用总体规划，注重开发环境污染严重的区域，保护和改善城市生态环境。此外，《建设项目环境保护管理条例》规定，改扩建项目或技术改造项目必须采取措施，治理与该项目有关的原有环境污染和生态破坏，建设项目应当实施环境影响评价制度。

上述法律法规都从相关角度对土壤污染防治做出规定，但这些规定都是原则性的，既不明确，实用性也不强。《土壤污染防治法》的出台，弥补了土壤污染防治专项法律的空缺，完善了我国生态环境保护、污染防治体系的法律制度体系，明确了我国土壤污染防治“预防为主、保护优先、分类管理、风险管控、污染担责、公众参与”的原则。对推动生态文明建设，推进可持续发展，具有重大意义。

《土壤污染防治法》共计 7 章 99 条，依次为“总则，规划、标准、普查和监测，预防和保护，风险管控和修复，保障和监督，法律责任，附则”。从内容来看，《土壤污染防治法》就土壤污染防治的基本原则、土壤污染防治的基本制度、预防保护、管控与修复、经济措施、监督检查和法律责任等重要内容均做出了明确规定，为我国下一步开展土壤污染防治与修复工作，扎实推进“净土保卫战”，提供法制保障。

《土壤污染防治法》自颁布以来一直被业内人士称为“最强”土壤保护法，究其原因，还是与其建立的系统性的土壤污染防治体系、凸显出的众多制度亮点有关。

第一，明确了责任主体和追责方向，创新性地将责任主体划分为土壤污染责任人、土地使用权人和地方政府。其中，在对土壤责任人的规定上，新法列举了八类具体的责任主体，并界定了其责任范围。当土壤污染责任人无法认定时，该义务由土地使用权人承担；土壤污染责任人变更的，由变更后承继其债权、债务的单位或个人继承履行；土壤污染责任人不明确或者存在争议的，则根据污染土地的性质分类处理；农用地由地方政府农业农村、林业草原主管部门会同生态环境、自然资源主管部门认定，建设用地由地方政府生态环境主管部门会同自然资源主管部门认定。

责任主体的确定是《土壤污染防治法》最大的难点和亮点，其主要意义体现在以下两个方面：一方面，由于土壤污染损害的隐蔽性、积累性和滞后性，相关纠纷的责任主体认定向来是司法实践中的一大难题，在土壤污染侵权案件中，因无法认定责任主体而导致排污主体逃避制裁的案例比比皆是，而《土壤污染防治法》关于责任主体的确立，将能积极、有效地推动土壤污染纠纷的解决。另一方面，明确责任主体也有利于土壤修复责任的落实，为污染场地的修复工作提供了便利，对于加速城市建设用地的开发和流转，缓解城市建设用地存量紧张有重要的意义。

第二，建立了土壤污染风险管控和修复制度，包括土壤污染状况调查和土壤污染风险评估、风险管控、修复、风险管控效果评估、修复效果评估、后期管理等活动。针对农用地和建设用地，分别规定了不同的管理方式。农用地采用分类管理制度，按照农用地土壤污染程度和土壤环境质量标准，将农用地分为优先保护类、安全利用类和严格管控类三类，分别采取相应管理措施，保障农产品质量安全。建设用地采用土壤风险管控和修复名录制度，按照《土壤污染防治法》第 61 条规定实行准入管理制度，按照第 62 条、第 63 条等规定实施风险管控或治理修复，对于未移出名录的地块禁止作为住宅、公共管理与公共服务用地。

第三，建立土壤污染防治基金制度。相比于水污染和大气污染防治，土壤污染防治具有资金投入大、治理周期长、经济收益低的特点。目前，我国的土壤污染治理主要是依赖政府财政投入，远不能满足土壤污染防治的资金需求，资金问题是制约土壤污染防治工作最突出的“短板”。土壤污染防治基金制度借鉴了发达国家的土壤污染治理经验，主要用于对农用地土壤污染防治和土壤污染责任人或土地使用权人无法认定的土壤污染风险管控和修复，以及政府规定的其他事项。2020 年初，财政部、生态环境部、农业农村部、自然资源部、住房和城乡建设部、国家林业和草原局联合发布了《土壤污染防治基金管理办法》，对基金的集资来源、设立方式和运行管理等问题进一步做出解释，完善了土壤污染防治基金制度。

第四，重视土壤环境监测和信息共享。土壤污染的隐蔽性使得土壤污染无法像水污染和大气污染一样有较直观的感受，而是依赖于土壤质量的检测和监测数据才能确认。因此，建立全面的土壤环境质量监测网络是一切土壤保护工作的基础。《土壤污染防治法》规定了土壤环境监测制度和土壤环境信息共享机制，提出建立全国土壤环境监测网络和土壤环境基础数据库、全国土壤环境信息平台，并规定了每十年至少组织开展一次全国土壤污染状况普查。同时，《土壤污染防治法》对从业人员和单位的工作质量做出了严格规定，对土壤污染状况调查、风险管控评估和修复效果评估单位出具虚假报告的行为制定了包括单位和个人在内的双罚制、个人从业禁止，在恶意串通情况下，违法单位还须承担与委托人的连带责任。此外，《土壤污染防治法》还明确了土壤污染状况和防治信息、土壤环境信息和重大土壤环境信息公开的专项规定。土壤环境质量与公众生活紧密相关，公众对其生活的环境状况应享有知情权。信息公开不仅是对公众知情权的尊重，它同时为公众参与土壤污染防治提供了基础，以实现社会监督、社会集智和社会集资的效果。

当然，《土壤污染防治法》才刚实行不久，即便借鉴了诸多发达国家的经验，仍有不足之处。2020 年 10 月 15 日，第十三届全国人民代表大会常务委员会第二十三次会议上《全国人民代表大会常务委员会执法检查组关于检查〈中华人民共和国土壤污染防治法〉实施情况的报告》指出，《土壤污染防治法》自实施以来，各地区各部门深入贯彻落实习近平生态文明思想和党中央决策部署，加快推进实施《土壤污染防治法》，立足预防为主、保护优先、分类管理、风险管控，采取一系列有效措施，遏制了污染加重趋势，保障了土壤环境质量总体稳定。但土壤污染防治历史欠账多、治理难度大、工作起步晚、技术基础差，土壤污染形势依然严峻，法律实施中还存在不少问题，依法打好净土保卫战任务艰巨。要高度重视，全面正确有效实施《土壤污染防治法》，坚持原则，因时因地因情因须有序有效推进工作，坚持突出重点、统筹兼顾，加快建立政府和社会共同参与的法律实施保障机制，坚持持续发力、久久为功，确保土壤污染防治工作在法制轨道上运行，确保让人民群众“吃得放心、住得安心”。如何完善出一个适应中国当下的国情和发展机制的《中华人民共和国土壤污染防治法》将会是当下和未来很长一段时间的主要任务。

2.2 建设用地土壤环境调查的政策管理进程

自第一个“五年计划”实施以来，中国工业化进程已有 60 余年大规模发展历史，这个过程中经历了国有和集体企业蓬勃发展时期、乡镇企业大发展和聚集发展时期、城市化“退二改三”和工业入园时期、产业转型和低端产业梯度转移时期等不同发展时期。但是，随着人口增长、城市化进程的迅速推进和经济产业结构的调整，造成了很多位于城市中的重污染企业搬迁停产。然而受环境保护意识所限，很多搬迁遗留地块在未进行任何风险调查评估或修复的情况下，直接就被再开发利用，成为严重的潜在污染隐患。此类场地所引发的环境健康损害和公众危害事件也屡见不鲜。例如，2004 年北京市宋家庄地铁工程施工工人中毒事件；2006 年武汉市、苏州市先后发生的因未重视地块利用历史，而造成的土地开发过程中的工人中毒事件等。

因污染场地修复与再开发带来的环境和公众危害问题，引起了国家和地方政府的高度重视，并开始对建设用地的评估和治理工作做出回应。“宋家庄事件”发生后，同年，国家环境保护总局（现生态环境部）发布了《关于切实做好企业搬迁过程中环境污染防治工作的通知》，规定所有产生危险废物的工业企业、实验室和生产经营危险废物的单位，在结束原有生产经营活动，改变原土地使用性质时，必须经具有省级以上质量认证资格的环境监测部门对原址土地进行监测分析，报送省级以上环境保护部门审查，并依据监测评价报告确定土壤功能修复方案。此外，还规定对遗留污染物所造成的环境污染问题，由原生产经营单位负责治理并恢复土壤使用功能。

2005 年，国务院下发《国务院关于落实科学发展观加强环境保护的决定》（国发〔2005〕39 号），要求对污染企业搬迁后的原址进行土壤风险评估和修复。

2008年，环境保护部（现生态环境部）出台《关于加强土壤污染防治工作的意见》（环发〔2008〕48号），再次强调以“污染场地土壤环境保护监督管理”为重点，“结合重点区域土壤污染状况调查，对污染场地特别是城市工业遗留、遗弃污染场地土壤进行系统调查，掌握原厂址及其周边土壤和地下水污染物种类、污染范围和污染程度，建立污染场地土壤档案和信息管理系统”。同时，“建立污染土壤风险评估和污染土壤修复制度。对污染企业搬迁后的厂址和其他可能受到污染的土地进行开发利用的，环保部门应督促有关责任单位或个人开展污染土壤风险评估，明确修复和治理的责任主体和技术要求，监督污染场地土壤治理和修复，降低土地再利用特别是改为居住用地对人体健康影响的风险”。

2009年，国务院办公厅发布《关于加强重金属污染防治工作的指导意见》（国办发〔2009〕61号）指出，应当开展污染土壤修复试点工作，建立我国土壤污染防治和修复体系。

2011年，《国家环境保护“十二五”规划》发布，明确提出要“加强土壤环境保护”，要求今后加强土壤环境保护制度建设、强化土壤环境监管以及推进重点地区污染场地和土壤修复。我国将启动污染场地、土壤污染治理和修复试点示范。禁止未经评估和无害化治理的污染场地进行土地流转和开发利用。

2012年，环境保护部、工业和信息化部、国土资源部、住房和城乡建设部联合发布《关于保障工业企业场地再开发利用环境安全的通知》（环发〔2012〕140号），对工业企业场地变更利用方式、变更土地使用权人时所要开展的环境调查、风险评估、治理修复等工作做出了规定，体现了多部门综合治理、操作性强、内容系统全面的特点。

2013年，《国务院办公厅关于印发近期土壤环境保护和综合治理工作安排的通知》（国办发〔2013〕7号），要求到2015年，全面摸清我国土壤环境状况，建立严格的耕地和集中式饮用水水源地土壤环境保护制度，初步遏制土壤污染上升势头。

2014年5月，环境保护部先后发布了《关于加强工业企业关停、搬迁及原址场地再开发利用过程中污染防治工作的通知》（环发〔2014〕66号），要求“未明确治理修复责任主体的，禁止进行土地流转；污染场地未经治理修复的，禁止开工建设与治理修复无关的项目。搬迁关停工业企业应及时公布场地的土壤和地下水环境质量状况”。同年8月，发布了《关于开展污染场地环境监管试点工作的通知》，提出“在湖南、重庆以及江苏常州、靖江开展污染场地环境监管试点工作”。同年12月，发布了《工业企业场地环境调查评估与修复工作指南（试行）》（公告2014年第78号），旨在有序规范地推动地方开展污染场地调查评估和修复，统筹解决污染场地全过程环境管理过程中产生的具体操作问题。根据污染场地全过程管理的原则，统筹考虑土壤和地下水等环境介质，对场地调查、风险评估、治理修复、环境监理、验收及长期风险管理等所有环节，明确了各方责任，理顺了工作程序，提出了技术方法，细化了规范操作。2014年4月，环境保护部联合国土资源部发布《全国土壤污染状况调查公报》，公布了2005年4月至2013年12月期间开展的首次全国土壤污染状况调查结果。公报表示，全国土壤环境状况总体不容乐观，部分地区土壤污染较重，耕地土壤环境质量堪忧，工矿业废弃土壤环境问题突出。

2015 年 12 月，中共中央办公厅和国务院办公厅联合印发《生态环境损害赔偿制度改革试点方案》，对因污染环境、破坏生态造成的大气、地表水、地下水、土壤等环境要素和植物、动物、微生物等生物要素的不利改变，以及上述要素构成的生态系统功能退化的，须按照本方案依法追究生态环境损害赔偿责任，促使赔偿义务人对受损的生态环境进行修复。生态环境损害无法修复的，实施货币赔偿，用于替代修复；并且赔偿义务人因同一生态环境损害行为需承担行政责任或刑事责任的，不影响其依法承担生态环境损害赔偿责任。

2016 年 5 月，国务院印发《土壤污染防治行动计划》（以下简称“土十条”），从十个方面明确了今后一个时期内土壤环境保护的顶层设计，是国内土壤污染防治的首个纲领性文件。“土十条”坚持以问题为导向，以农用地和建设用地为重点，确定了“预防为主、保护优先、风险管控”的土壤污染防治思路，提出坚守农产品质量和人居环境安全的土壤环境质量底线，对农用地和建设用地土壤环境风险管控和治理修复提出了具体要求。“土十条”强调了未来要侧重污染调查和评估、推进土壤立法、对农用地和建设用地分类管控、加强对未污染土壤的保护、科学开展土壤治理和修复、促进科技研发与产业发展、推动治理体系的构建、实施目标考核和责任追究等方面的工作，以保护生态环境和保障人体健康为落脚点推动国内环境管理战略转型。

同年 12 月，环境保护部印发《污染地块土壤环境管理办法（试行）》，明确了监管重点，将拟收回、已收回土地使用权的有色金属冶炼、石油加工、化工、焦化、电镀、制革等行业企业用地，以及土地用途拟变更为居住和商业、学校、医疗、养老机构等公共设施的上述用地作为重点监管对象。《污染地块土壤环境管理办法（试行）》突出风险管控，对用途变更为居住用地和商业、学校、医疗、养老机构等公共设施的污染地块用地，重点开展人体健康风险评估和风险管控，对暂不开发的污染地块，开展以防治污染扩散为目的的环境风险评估和风险管控；明确了土地使用权人、土壤污染责任人、专业机构及第三方机构的责任；强调了信息公开，借鉴国际通行做法，建立污染地块管理流程，规定了全过程各个环节的主要信息应当向社会公开。

2018 年，生态环境部印发《工矿用地土壤环境管理办法（试行）》，加强工矿用地土壤和地下水环境保护监督管理及防控工矿用地污染防治。

2021 年，生态环境部发布《重点监管单位土壤污染隐患排查指南（试行）》，明确了土壤污染隐患排查制度的基本构成，其目的在于指导企业通过土壤污染隐患排查，及时发现土壤污染隐患或者土壤污染，及早采取措施消除隐患，管控风险，防止污染或者污染扩散加重，降低后期风险管控或修复成本。

自 2004 年开始，我国的城市建设用地土壤污染防治工作开展了已有 17 年。在国家政策的指导下，我国在土壤污染防治这条路上已经走出了很远。

2.3 建设用地土壤环境调查的标准体系及技术规范

土壤作为人类生产生活的承载物，与水和大气一样，是人类赖以生存不可或缺的环境要素。长期以来，由于土壤污染的隐蔽性、滞后性、累积性和地域性，使得土壤污染的危害不像大气污染、水污染那样显著，所以没有引起社会各界的广泛重视，其防治工作也相对滞后。近年来，随着土壤环境遭受污染导致的人群健康遭受威胁的事件不断曝光，土壤污染逐渐走入大众视野，并逐步开始受到公众的关注。

2009～2012年，我国发生了30多起重大或特大土壤重金属污染事件，涉及多个省份。2011年，环境保护部组织对全国364个村庄开展的农村监测试点工作，农村土壤样品超标率为21.5%。例如，2013年，广州市食品药品监管局通过网站公布了关于2013年第一季度餐饮食品的抽验结果，发现抽检的大米及米制品中有44.4%存在镉含量超标，愈演愈烈的“镉大米事件”，吸引了社会各界的广泛关注。而建设用地方面，先后发生了武汉市原武汉药用玻璃厂地块，未经环评即被武汉市政府收储，出让后开发过程中导致工人中毒事件；后有常州外国语学校搬迁新址前未对周边场地的历史利用情况进行调查，导致一路之隔的历史使用情况为农药厂、化工厂的常隆污染场地在修复过程中产生了二次污染，致使校内数百名学生出现不良反应和疾病，检查出皮炎、湿疹、支气管炎、血液指标异常、白细胞减少等情况。

这个时候，大家开始注意到土壤污染，却发现当时唯一的土壤环境质量标准发布于1995年，而城市建设用地土壤环境质量还没有标准，仅有相关的发布于1999年的《工业企业土壤环境质量风险评价基准》(HJ/T 25—1999)。土壤环境保护相关标准的匮乏，也在一定程度上影响了土壤环境保护工作的开展。据统计，2010年之前，国家发布的土壤环境保护相关标准不足20项。2010～2019年，国家发布的土壤环境保护相关标准超过80项，远超之前的30年。这也表明我国的土壤环境标准体系建设进入加速期。

2014年，环境保护部发布了污染场地系列环境保护标准：《场地环境调查技术导则》(HJ 25.1—2014)、《场地环境监测技术导则》(HJ 25.2—2014)、《污染场地风险评估技术导则》(HJ 25.3—2014)、《污染场地土壤修复技术导则》(HJ 25.4—2014)。同时，为规范污染场地环境调查、监测、评估、修复和管理中的术语，在污染场地系列环境保护标准发布的同时，还发布了《污染场地术语》(HJ 682—2014)。上述标准的发布，正式确立了我国污染场地调查的基本程序和技术要求，弥补了我国长期以来城市建设用地调查没有科学程序和要求的空白。对于进行调查的场地，明确要求了土壤和地下水同时监测的基本原则，也扩大了土壤和地下水质量标准的范围，根据多年来的国内和国际经验，更新了技术路线。同时，也给已污染场地的土壤和地下水修复提供了技术指导。

2018 年 6 月，生态环境部发布了《土壤环境质量 建设用地土壤污染风险管控标准（试行)》（GB 36600—2018）和《土壤环境质量 农用地土壤污染风险管控标准（试行)》（GB 15618—2018)，确定了农用地和建设用地污染风险筛选值和管制值，全面覆盖了耕地、园地、牧草地和城市建设用地等所有受人类生活生产影响的土地利用类型。同年 12 月，《污染地块风险管控与土壤修复效果评估技术导则（试行)》（HJ 25.5—2018）发布，规定了建设用地污染地块风险管控与土壤修复的内容、程序、方法和技术要求，填补了建设用地污染地块风险管控和土壤修复效果评估机制的空白。

2019 年，生态环境部土壤生态环境司和法规与标准司组织在污染场地系列环境保护标准基础上修订的建设用地土壤污染风险管控和修复系列环境保护标准，将原系列标准的适用范围由污染场地扩大至整个建设用地范围。同时，建设用地土壤污染风险管控和修复系列环境保护标准除了在原有基础上进行修订以外，还增加了《污染地块风险管控与土壤修复效果评估技术导则（试行)》（HJ 25.5—2018）和《污染地块地下水修复和风险管控技术导则》（HJ 25.6—2019)。与此同时，也对建设用地土壤污染状况调查和土壤污染风险评估、风险管控、修复、风险管控效果评估、修复效果评估、后期管理等活动中的基本概念及污染与环境过程、调查与环境监测、环境风险评估、修复和管理等 5 个方面的术语规范进行了修订。至此，我国的建设用地土壤环境风险评估技术体系迈入了新阶段。形成了以《土壤环境质量 建设用地土壤污染风险管控标准（试行)》（GB 36600—2018）为基础，囊括土壤环境质量和评价标准、土壤污染物控制标准、土壤环境监测规范类标准、土壤环境管理规范类标准和土壤基础类标准等五大类的土壤环境标准体系[22]。

如前文所述，中国的立法体系由国家立法和地方立法两部分组成，同时因土壤环境有其特有的类型多样、利用方式多样和污染类型多样等特点，很难制订一个适用全国的质量标准。因此，国家鼓励各地方政府根据各地的实际产业发展情况，制（修）订更加符合当地的地方标准，以促进质量管理。国家层面的建设用地土壤环境质量系列标准发布以后，北京市、上海市、重庆市、天津市、广东省、浙江省、江苏省、湖北省等省（自治区、直辖市）也根据当地土壤状况不断推进地方标准的制（修）订。

例如，广东省深圳市于 2020 年 6 月发布了深圳市地方标准——《土壤环境背景值》（DB 4403/T 68—2020）和《建设用地土壤污染风险筛选值和管制值》（DB 4403/T 67—2020)。基于深圳全市土壤环境背景精细化调查成果的《土壤环境背景值》标准，确定了赤红壤、红壤、黄壤 3 种主要土类 20 项污染物的土壤背景含量基本统计量，绘制了深圳市土类空间分布图。深圳市生态环境局表示，这一标准可用于科学评价饮用水水源地、自然保护区等区域的土壤环境质量状况，辅助修正建设用地土壤中部分高背景含量污染物的筛选值。深圳市作为粤港澳大湾区核心引擎和中国特色社会主义先行示范区，对土壤环境管理提出了更高要求。2020 年 6 月，深圳市发布了《建设用地土壤污染风险筛选值和管制值》（DB4403/T 67—2020)。该地方标准根据深圳市电镀、线路板、塑胶等典型行业特征，制定了铬、锌等68项污染物的土壤筛选值和管制值，填补了国家标准中部分污染物指标空白①。

广东省广州市于2020年10月发布了市级《建设用地土壤污染防治》系列标准的第1、3、4部分［即《建设用地土壤污染防治 第1部分：污染状况调查技术规范》（DB4401/T 102.1—2020）、《建设用地土壤污染防治 第3部分：土壤重金属监测质量保证与质量控制技术规范》（DB4401/T 102.3—2020）、《建设用地土壤污染防治 第4部分：土壤挥发性有机物监测质量保证与质量控制技术规范》（DB4401/T 102.4—2020）］及《城市建成区土壤环境监测技术规范》（DB4401/T 103—2020）。《建设用地土壤污染防治》系列标准的第1部分，增加了调查启动条件，避免了因不具备调查条件仓促开展工作，导致重新调查和经费浪费的问题；在多年实际工作的基础上，根据土壤污染风险情况将工业企业地块分为重点行业企业用地和其他用地，将地块内部分为重点调查区域和其他区域，并按照宽严相济的原则分别提出了具体技术要求；明确了国家标准未作出规定的地下水监测项目技术要求；并根据实际工作中遇到的问题，参考国内外相关技术规范，提出了异常点位排查技术方法，在我国国家及地方土壤污染状况调查标准体系中尚属首创，填补了国内空白。《建设用地土壤污染防治》系列标准的第3、第4部分根据建设用地土壤监测的特点，创新性提出了全流程的质量保证与质量控制技术要求，重点针对土壤调查监测的重要指标——重金属和挥发性有机物，细化采样、制样、检测等流程的质控措施。《城市建成区土壤环境监测技术规范》（DB4401/T 103—2020）则填补了我国城市建成区土壤环境监测技术体系的空白，为全国开展各城市建成区土壤环境监测工作提供了工作基础和技术支撑，具有重要意义②。

2.4 建设用地土壤污染状况调查的工作程序

根据《建设用地土壤污染状况调查技术导则》（HJ 25.1—2019）规定，建设用地土壤污染状况调查分为三个阶段。其基本流程如图2.1所示。

第一阶段土壤污染状况调查是以资料收集、现场踏勘和人员访谈为主的污染识别阶段，原则上不进行现场采样分析。若第一阶段调查确认地块内及周围区域当前和历史上均无可能的污染源，则认为地块的环境状况可以接受，调查活动可以结束。

第二阶段土壤污染状况调查是以采样与分析为主的污染证实阶段。若第一阶段土壤污染状况调查表明地块内或周围区域存在可能的污染源，如化工厂、农药厂、冶炼厂、加油站、化学品储罐、固体废物处理等可能产生有毒有害物质的设施或活动，以及由于资料缺

① http://gdee.gd.gov.cn/hbxw/content/post_3032732.html.
② http://www.gd.gov.cn/gdywdt/dczl/gcls/content/post_3115184.html.

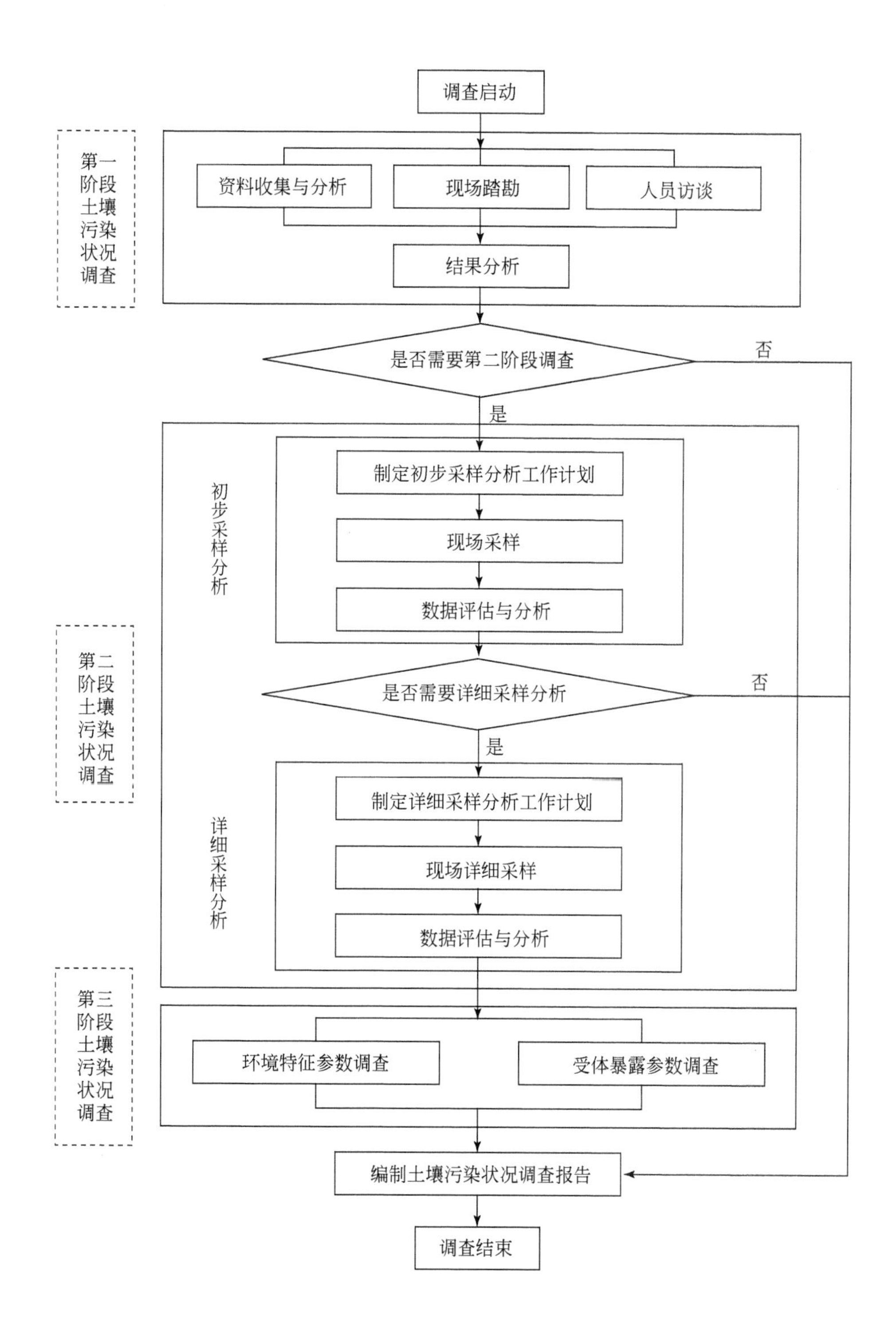

图 2.1　建设用地土壤污染状况调查流程

失等原因造成无法排除地块内外存在污染源时，进行第二阶段土壤污染状况调查，以确定污染物种类、浓度（程度）和空间分布。第二阶段土壤污染状况调查通常可以分为初步采样分析和详细采样分析两步进行，每步均包括制定工作计划、现场采样、数据评估与结果分析等步骤。初步采样分析和详细采样分析均可根据实际情况分批次实施，逐步减少调查的不确定性。

根据初步采样分析结果，如果污染物浓度均未超过国家和地方相关标准及清洁对照点浓度（有土壤环境背景的无机物），并且经过不确定性分析确认不需要进一步调查后，第二阶段土壤污染状况调查工作可以结束；否则认为可能存在环境风险，须进行详细调查。标准中没有涉及的污染物，可根据专业知识和经验综合判断。详细采样分析是在初步采样分析的基础上，进一步采样和分析，以确定土壤污染程度和范围。

第三阶段土壤污染状况调查以补充采样和测试为主，获得满足风险评估及土壤和地下水修复所需的参数。本阶段的调查工作可单独进行，也可在第二阶段调查过程中同时开展。

3

基础信息调查阶段的质量控制

基础信息调查阶段，即第一阶段土壤污染状况调查，是以资料收集、现场踏勘和人员访谈为主的污染识别阶段，原则上不进行现场采样分析。若第一阶段调查确认地块内及周围区域当前和历史上均无可能的污染源，则认为地块的环境状况可以接受，调查活动可以结束①。建设用地基础信息采集工作是调查的基础性工作，为建设用地风险评估、采样调查、日常管理提供基础信息。基础信息调查阶段的结论应明确地块内及周围区域有无可能的污染源，并进行不确定性分析。若有可能的污染源，应说明可能的污染源类型、污染状况和来源，并应提出第二阶段土壤污染状况调查的建议。

3.1 工作程序与工作内容

3.1.1 工作程序

参考《重点行业企业用地调查信息采集技术规定（试行）》的技术要求，信息采集工作分为确定调查对象、工作准备、基本信息核实、资料收集、现场勘查、信息整理与填报5个阶段，工作流程如图3.1所示。

在工作准备阶段，地方环境保护主管部门委托承担基础信息采集任务的任务承担单位；任务承担单位开展人员与技术准备工作。

在基本信息核实阶段，任务承担单位对待调查地块进行基本信息核实与修正。

在资料收集阶段，任务承担单位在环境保护主管部门的辅助和企业的配合下，通过多渠道收集企业地块相关资料，进行初步整理分析。

在现场勘查阶段，任务承担单位通过现场踏勘和人员访谈的方式，对地块污染源、周边环境和敏感受体信息进行收集，并核实资料准确性。

在信息整理与填报阶段，任务承担单位对前两个阶段收集的信息资料进行整理与分析，完成调查表填写与审核。

① 《建设用地土壤污染状况调查技术导则》。

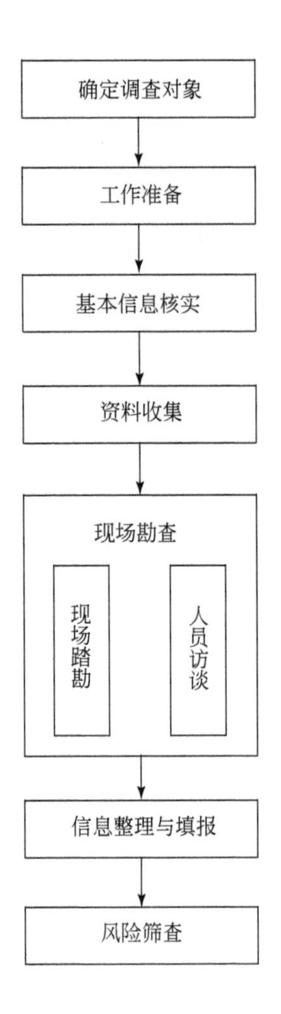

图 3.1　信息采集工作流程

3.1.2　工作内容

《建设用地土壤污染状况调查技术导则》（HJ 25.1—2019）指出，基础信息调查阶段的工作内容包括资料收集与分析、现场踏勘、人员访谈、结论与分析。

3.1.2.1　资料收集与分析

(1) 资料的收集

资料的收集主要包括：地块利用变迁资料、地块环境资料、地块相关记录、有关政府文件及地块所在区域的自然和社会信息。当调查地块与相邻地块存在相互污染的可能时，须调查相邻地块的相关记录和资料。

1）地块利用变迁资料：包括用来辨识地块及其相邻地块的开发及活动状况的航片或卫星图片；地块的土地使用和规划资料，如土地登记信息资料等；其他有助于评价地块污染的历史资料，如地块利用变迁过程中的地块内建筑、设施、工艺流程和生产污染等的变化情况。

2）地块环境资料：包括地块土壤及地下水污染记录，地块危险废物堆放记录，地块与自然保护区和水源地保护区等的位置关系等。

3）地块相关记录：包括产品、原（辅）材料及中间体清单，平面布置图、工艺流程图、地下管线图，化学品储存及使用清单，泄漏记录，废物管理记录，地上及地下储罐清单，环境监测数据，环境影响报告书（表），环境审计报告和地勘报告等。

4）由政府机关和权威机构所保存和发布的环境资料。例如，区域环境保护规划、环境质量公告、企业在政府部门相关环境备案和批复，以及生态和水源保护区规划等。

5）地块所在区域的自然和社会信息。自然信息包括地理位置、地形、地貌、土壤、水文、地质和气象资料等；社会信息包括人口密度和分布，敏感目标分布，土地利用方式，区域所在地的经济现状和发展规划，相关的国家和地方的政策、法规与标准，当地地方性疾病统计信息等。

（2）资料的分析

调查人员应根据专业知识和经验识别资料中的错误和不合理的信息，如资料缺失影响判断地块污染状况时，应在报告中说明。

《重点行业企业用地调查信息采集工作手册（试行）》指出，调查人员应逐一查阅所收集资料，核实甄别多源信息，分析提取有用信息，重点分析特征污染物、迁移途径、土壤和地下水可能受污染程度等相关信息，初步填报调查表。

特征污染物为信息采集阶段关键指标，需结合企业生产工艺、污染物排放情况，将产品、原（辅）材料、中间产物、危险化学品、废气污染物、废水污染物等进行整合分析确定。不仅要考虑地块现存企业的特征污染物，还要兼顾地块上历史企业的特征污染物。

土层性质、地下水埋深、饱和带渗透性等迁移途径相关信息项主要从工程地质勘查报告中分析获取，可请有水文地质专业背景或开展过地质勘查工作的人员分析地层情况后填写；若企业无工程地质勘查报告，可参考企业附近其他企业、建筑物或公路的工程地质勘查信息。重点区域地表覆盖情况、地下防渗措施不能仅简单填写目前现状，要综合地块生产经营活动时间、地表覆盖、地面硬化或防渗的具体时间来综合分析判定。

3.1.2.2 现场踏勘

（1）安全防护准备

在现场踏勘前，根据地块的具体情况掌握相应的安全卫生防护知识，并装备必要的防护用品。

(2) 现场踏勘的范围

以地块内为主，并应包括地块的周围区域，周围区域的范围应由现场调查人员根据污染可能迁移的距离来判断。

(3) 现场踏勘的主要内容

现场踏勘的主要内容包括地块的现状与历史情况，相邻地块的现状与历史情况，周围区域的现状与历史情况，区域的地质、水文地质和地形的描述等。

1) 地块现状与历史情况：可能造成土壤和地下水污染的物质的使用、生产、储存，“三废”处理与排放以及泄漏状况，地块过去使用中留下的可能造成土壤和地下水污染的异常迹象，如罐、槽泄漏及废物临时堆放污染痕迹。

2) 相邻地块的现状与历史情况：相邻地块的使用现况与污染源，以及过去使用中留下的可能造成土壤和地下水污染的异常迹象，如罐、槽泄漏以及废物临时堆放污染痕迹。

3) 周围区域的现状与历史情况：对于周围区域目前或过去土地利用的类型，如住宅、商店和工厂等，应尽可能观察和记录；周围区域的废弃和正在使用的各类井，如水井等；污水处理和排放系统；化学品和废弃物的储存和处置设施；地面上的沟、河、池；地表水体、雨水排放和径流，以及道路和公用设施。

4) 地质、水文地质和地形的描述：地块及其周围区域的地质、水文地质与地形应观察、记录，并加以分析，以协助判断周围污染物是否会迁移到调查地块，以及地块内污染物是否会迁移到地下水和地块之外。

(4) 现场踏勘的重点

重点踏勘对象一般应包括有毒有害物质的使用、处理、储存、处置；生产过程和设备，储槽与管线；恶臭、化学品味道和刺激性气味，污染和腐蚀的痕迹；排水管或渠、污水池或其他地表水体、废物堆放地、井等。

同时应该观察和记录地块及周围是否有可能受污染物影响的居民区、学校、医院、饮用水源保护区及其他公共场所等，并在报告中明确其与地块的位置关系。

(5) 现场踏勘的方法

可通过对异常气味的辨识、摄影和照相、现场笔记等方式初步判断地块污染的状况。踏勘期间，可以使用现场快速测定仪器。

3.1.2.3 人员访谈

(1) 访谈内容

访谈内容应包括资料收集和现场踏勘所涉及的疑问，以及信息补充和已有资料的考证。

(2) 访谈对象

受访者为地块现状或历史的知情人，应包括地块管理机构和地方政府的官员，环境保护行政主管部门的官员，地块过去和现在各阶段的使用者，以及地块所在地或熟悉地块的第三方，如相邻地块的工作人员和附近的居民。

（3）访谈方法

访谈可采取当面交流、电话交流、电子或书面调查表等方式进行。

（4）内容整理

应对访谈内容进行整理，并对照已有资料，对其中可疑处和不完善处进行核实和补充，作为调查报告的附件。

3.1.2.4 结论与分析

本阶段调查结论应明确地块内及周围区域有无可能的污染源，并进行不确定性分析。若有可能的污染源，应说明可能的污染类型、污染状况和来源，并应提出第二阶段土壤污染状况调查的建议。

3.2 基础信息调查技术细则

为落实《全国土壤污染状况调查总体方案》要求，保证信息采集的有效性、真实性与数据填报的规范性，生态环境部组织编制了《重点行业企业用地调查信息采集技术规定（试行）》，指出基础信息采集工作分为工作准备、基本信息核实、资料收集、现场踏勘、人员访谈、信息整理6个阶段，并对6个阶段的技术要求做了详细阐述。

3.2.1 工作准备

3.2.1.1 人员准备

任务承担单位根据所接受的委托任务，组建信息采集工作组（以下简称工作组）和质量监督检查组，明确任务分工。

工作组成员要熟练掌握信息采集技术要求，对信息采集中的关键问题、填表规范要统一认识。工作组成员要求如下：①指定作风严谨、工作认真、具有污染地块调查经验的专业技术人员为组长；②工作组内部要分工明确、责任到人、保障有力；③工作组成员应具有环境、土壤、水文地质等相关基础知识；④工作组内应安排1名质量检查员，对本组信息采集工作质量进行自审。

质量监督检查组负责对本单位信息采集工作质量进行内审，质量监督检查组成员应参加过土壤污染状况调查专项培训，并熟练掌握信息采集质量检查内容和技术要求。

3.2.1.2 技术准备

工作组应依据技术规定，根据工作任务要求，制定工作计划；与环境保护主管部门和土地使用权人沟通，提出需配合的工作和需准备的资料清单；确认现场工作时间与安排，确定访谈人员。

工作组准备现场工作所需要的设备和物品，提前调取调查表，了解地块信息采集的基本内容；准备器具类、文具类、防护用品等物品。器具类包括全球定位系统（GPS）、数码相机等；文具类包括现场记录表、铅笔、资料夹等；防护用品包括工作服、工作鞋、安全帽、常用药品、口罩、一次性手套等。

3.2.2 基本信息核实

工作组通过资料查阅、现场勘查等方式对需调查的地块基本信息进行核实与修正。需核实的企业基本信息包括企业名称、地理位置、在产或关闭搬迁状态、生产运营状态、是否位于工业园区/集聚区等。重点针对企业不存在、企业位置不准确或名称错误等情况进行处理。

3.2.3 资料收集

3.2.3.1 资料收集清单

工作组对照如下资料清单（表3.1）收集地块内及周边区域环境与污染信息。优先保证基本资料收集，尽量收集辅助资料。若地块上曾发生过企业变更、行业变更、生产工艺或产品变更，需收集相关历史资料，如各时期平面布置图、产品及原（辅）材料清单等。

3.2.3.2 收集方式

工作组通过信息检索、部门走访、电话咨询、现场及周边区域走访等方式进行资料收集。

工作组可首先收集环境保护主管部门掌握的企业环评报告、排污申报登记表及相关资料、责令改正违法行为决定书等资料，然后通过现场走访的方式从企业进一步收集地块资料；对于已收集信息不能满足调查表填写需求的地块，再通过其他部门收集地块资料。

表 3.1　资料收集清单、应用及来源

序号	资料类别	资料名称	应用（对应的信息）	来源
1	基本资料	环境影响评价报告书（表）、环境影响评价登记表	企业基本信息、主要产品、原（辅）材料、排放污染物名称、特征污染物、周边环境及敏感受体相关信息	企业、环境保护主管部门
2	基本资料	工业企业清洁生产审核报告	地块利用历史、企业平面布置、主要产品及产量、原（辅）材料及使用量、周边敏感受体、特征污染物、企业清洁生产审核等相关信息	企业、清洁生产、审核主管部门
3	基本资料	安全评价报告	企业基本信息、主要产品、原（辅）材料、危险化学品等相关信息	企业、安全生产监督管理主管部门
4	基本资料	排放污染物申报登记表	企业基本信息、主要产品、原（辅）材料、固体废物储存量、危险废物产生量、排放污染物名称、在线监测装置、治理设施等信息	企业、环境保护主管部门
5	基本资料	工程地质勘查报告	土壤与地下水特性相关信息	企业
6	基本资料	平面布置图	生产区、储存区、废水治理区、固体废物储存或处置场等各区域分布	企业
7	辅助资料	营业执照	企业名称、法定代表人、地址、营业时间、登记注册类型	企业
8	辅助资料	全国企业信用信息公示系统	企业名称、法定代表人、地址、营业时间、登记注册类型	网络查询
9	辅助资料	土地使用证或不动产权证书	地址、位置、占地面积及使用权属	企业
10	辅助资料	土地登记信息、土地使用权变更登记记录	地址、位置、占地面积及使用权属、地块利用历史	土地行政主管部门
11	辅助资料	区域土地利用规划	地块及周边用地类型、地块规划用途	国土资源、发展改革、规划等主管部门
12	辅助资料	危险化学品清单	危险化学品名称、产量或使用量、特征污染物	企业、安全生产监督管理主管部门
13	辅助资料	危险废物转移联单	固体废物、危险废物名称、危险废物产生量	企业、环境保护主管部门
14	辅助资料	环境统计报表	固体废物储存量、危险废物产生量	企业、环境保护主管部门
15	辅助资料	竣工环境保护验收监测报告	企业基本信息、主要产品、原（辅）材料、排放污染物名称	企业、环境保护主管部门
16	辅助资料	环境污染事故记录	环境污染事故发生情况	企业、环境保护主管部门
17	辅助资料	责令改正违法行为决定书	企业环境违法行为	环境保护主管部门、网络查询
18	辅助资料	土壤及地下水监测记录	土壤和地下水监测数据和污染相关信息	企业
19	辅助资料	调查评估报告或相关记录	调查评估结果、土壤和地下水污染信息	企业

3.2.3.3 初步整理分析

工作组对收集到的资料进行整理，对照表3.1分析、提取各种资料的有用信息，并将资料中重要信息内容进行整理，包括企业地块平面布置图、生产工艺流程图等重要图件资料，主要产品、主要原（辅）材料清单，危险化学品清单，废气、废水中主要污染物排放清单等资料。保存收集到的环评报告、清洁生产审核报告、排污申报相关资料、工程地质勘查报告等主要资料，以备后期抽查、审核。

3.2.4 现场踏勘

3.2.4.1 现场踏勘目的

现场踏勘的目的：一是核实已收集资料的准确性；二是获取文件资料无法提供的信息，如现场污染痕迹、防护措施，以及企业环境风险管控水平等。

3.2.4.2 现场踏勘内容

工作组主要针对地块内及周边区域的环境、敏感受体、建构筑物及设施、现状及使用历史等进行现场踏勘，观察、记录地块污染痕迹。现场踏勘的重点区域包括地块内可疑污染源、污染痕迹，涉及有毒有害物质使用、处理、处置的场所或储存容器，建构筑物，污雨水管道管线，排水沟渠，回填土区域，河道，暗浜，以及地块周边相邻区域。

根据现场踏勘情况，在遥感图像上勾画出地块边界，并标出生产车间、储罐、产品及原（辅）材料储存区、废水治理区、固体废物储存或处置场等地块内重要区域和周边1km范围内的学校、医院、居民区、幼儿园、集中式饮用水水源地、饮用水井、食用农产品产地、自然保护区、地表水体等敏感区域。

若现场踏勘过程中发现有设备、管道泄漏等情况，应报相关部门尽快落实处置相关事宜。

3.2.4.3 现场踏勘方法

工作组人员可通过观察、异常气味辨识、使用X射线荧光光谱仪（XRF）、光离子化检测仪（PID）等现场快速检测设备辨别现场环境状况及疑似污染痕迹。

现场踏勘过程中发现的污染痕迹、地面裂缝、发生过泄漏的区域及其他怀疑存在污染的区域应拍照留存。

3.2.5 人员访谈

3.2.5.1 访谈目的

访谈目的主要是解决资料收集和现场踏勘时获知信息过程中的疑问，并进行信息收集补充。

3.2.5.2 访谈内容

访谈重点内容包括地块使用历史和规划、地块可疑污染源、污染物泄漏或环境污染事故、地块周边环境及敏感受体状况。工作组参照人员访谈记录表格（附表3.1）的内容进行访谈，并记录。

3.2.5.3 访谈方式

工作组可通过当面、电话咨询、书面调查等方式进行访谈。

3.2.5.4 访谈对象

访谈对象包括：①熟悉地块历史及现在的生产和环境状况的人员；②地方政府管理机构工作人员；③环境保护主管部门工作人员；④熟悉地块的第三方，如地块相邻区域的工作人员和居民等。

3.2.6 信息整理

工作组对资料收集、现场踏勘和人员访谈等方式收集到的信息与文件资料进行整理、汇总与分析。分析企业产品、原（辅）材料、储存物质是否有危险化学品，产生的固体废物是否有危险废物；根据企业所属行业、产品、原（辅）材料、“三废”情况分析地块内的特征污染物；分析地块周边敏感受体、距地块重点区域的距离等。若已有调查数据，根据建设用地土壤污染风险筛选指导值或地下水水质标准分析是否存在污染物含量超标。

3.3 技术统筹与质量控制

《重点行业企业用地调查信息采集工作手册（试行）》指出，为统一技术要求，保证工作质量，任务承担单位内部应加强工作总结与交流；环境保护主管部门应定期组织各任务承担单位之间的工作总结与交流；质量控制单位同步开展质量监督检查。

3.3.1 任务承担单位定期进行工作总结

任务承担单位内部应定期组织工作总结会，各工作组对资料收集、现场踏勘、人员访谈、调查表填报工作中存在的技术和操作问题进行交流讨论，研究提出解决方法，请熟悉行业生产工艺的人员对特征污染物等重要信息把关，执行统一的技术要求，并及时将工作推进中的问题和建议反馈给信息采集工作组织实施部门。

3.3.2 定期开展进展调度和总结

信息采集工作组织实施部门应定期调度任务承担单位工作进展，对未配合工作的被调查企业、未落实工作要求的任务承担单位进行督办。召开工作总结会，集中研究处理各任务承担单位反馈的问题和建议，必要时进行专家咨询，统一技术要求。

3.3.3 质量控制

质量控制工作与信息采集工作应同步启动。环境保护主管部门应组织实施信息采集工作，确定市级质量控制单位。任务承担单位建立健全质量审核制度，制定和实施内部质量控制计划，配备工作组自审、单位内审的质量检查人员，对信息采集的完整性、规范性和准确性进行检查并负责，调查表须经质量控制相关人员审核签字后方可上报。

质量控制单位应制定细化的质量监督检查计划和技术要求，组织专家组成质量检查组，对本区域各任务承担单位填报的调查表进行抽查外审，对所有任务承担单位的信息采集工作进行质量检查，抽查比例不低于30%，各任务承担单位应至少被抽查1次。适当加大在产企业用地信息采集工作的抽查比例。质量控制单位应如实填写地块信息调查质量检查表（附表3.2），并对本区域各任务承担单位信息采集工作的质量进行综合评估。

3.3.4 风险筛查审核纠偏

《在产企业地块风险筛查与风险分级技术规定（试行）》指出，风险筛查是指在企业地块基础信息调查的基础上，根据地块土壤和地下水污染源、污染物迁移途径和受体等基础信息资料，分析企业地块的相对风险水平，并根据多个地块的相对风险水平划分地块关注度，为确定需开展初步采样调查的地块提供依据。

对于重点行业企业用地，在风险筛查阶段，国家依托全国土壤污染状况详查数据库和信息化管理平台，开发重点行业企业地块风险筛查与风险分级系统。地方依据《重点行业企业用地调查信息采集技术规定（试行）》填报并上传企业地块信息调查表，利用风险筛查系统计算各地块的环境风险分值，初步划分地块关注度，对风险筛查结果存疑的地块进行复核，最终确定地块关注度。

《重点行业企业用地调查风险筛查结果纠偏工作手册（试行）》指出，由于风险筛查模型不可能适用于所有企业地块，全国统一的关注度划分标准无法满足各地不同的管理需求，部分地块基础信息严重缺失无法开展风险筛查，因此有必要组织具备污染地块调查评估相关工作经验、熟悉当地企业情况的专家，依靠专业判断，查找偏差企业，并结合实际情况进行纠偏调整，解决上述问题，确保风险筛查结果的科学性和合理性。风险筛查结果纠偏应在基础信息采集工作质量得以保障后，对个别企业的风险筛查结果偏差进行修正。但纠偏工作中常会发现前期信息采集质控工作不扎实导致的基础信息失真问题，因此，纠偏工作中相关责任单位应同步整改发现的前期质量问题。

风险筛查结果纠偏工作包括以下三个方面的内容：①确定本地企业关注度划分标准；②查找风险筛查得分与实际风险情况明显不符的企业并进行纠偏；③针对个别基础信息太少不能开展风险筛查的企业地块，通过纠偏确定其关注度。

风险筛查结果纠偏工作由负责信息采集组织实施的环境保护主管部门负责。环境保护主管部门明确风险筛查结果纠偏技术支持单位，成立纠偏专家组，组织对已完成的风险筛查工作进行纠偏。技术支持单位及时跟进信息采集工作进展，开展企业风险筛查计算，分析风险筛查结果的合理性，查找偏差企业，提出初步纠偏意见，协助纠偏专家组开展风险筛查结果纠偏工作。

3.4 本章附录

附表 3.1 人员访谈记录表格

地块编码	
地块名称	
访谈日期	
访谈人员	姓名： 单位： 联系电话：
受访人员	受访对象类型： 土地使用者 企业管理人员 企业员工 政府管理人员 环境保护主管部门管理人员 地块周边区域工作人员或居民 姓名： 单位： 职务或职称： 联系电话：

<table>
<tr><td rowspan="11">访谈问题</td><td>1. 本地块历史上是否有其他工业企业存在？
是　　否　　不确定
若选是，企业名称是什么？
起止时间是　　　　年至　　年。</td></tr>
<tr><td>2. 本地块内目前职工人数是多少？（仅针对在产企业提问）</td></tr>
<tr><td>3. 本地块内是否有任何正规或非正规的工业固体废物堆放场？
正规　　非正规　　无　　不确定
若选是，堆放场在哪？堆放什么废弃物？</td></tr>
<tr><td>4. 本地块内是否有工业废水排放沟渠或渗坑？
是　　否　　不确定
若选是，排放沟渠的材料是什么？是否有无硬化或防渗的情况？</td></tr>
<tr><td>5. 本地块内是否有产品、原（辅）材料、油品的地下储罐或地下输送管道？
是　　否　　不确定
若选是，是否发生过泄漏？
是（发生过____次）　　否　　不确定</td></tr>
<tr><td>6. 本地块内是否有工业废水的地下输送管道或储存池？
是　　否　　不确定
若选是，是否发生过泄漏？
是（发生过____次）　　否　　不确定</td></tr>
<tr><td>7. 本地块内是否曾发生过化学品泄漏事故？或是否曾发生过其他环境污染事故？
是（发生过____次）　否　　不确定
本地块周边邻近地块是否曾发生过化学品泄漏事故？或是否曾发生过其他环境污染事故？
是（发生过____次）　否　　不确定</td></tr>
<tr><td>8. 是否有废气排放？　是　　否　　不确定
是否有废气在线监测装置？　是　　否　　不确定
是否有废气治理设施？　是　　否　　不确定</td></tr>
<tr><td>9. 是否有工业废水产生？　是　　否　　不确定
是否有废水在线监测装置？　是　　否　　不确定
是否有废水治理设施？　是　　否　　不确定</td></tr>
<tr><td>10. 本地块内是否曾闻到过由土壤散发的异常气味？
是　　否　　不确定</td></tr>
<tr><td>11. 本地块内危险废物是否曾自行利用处置？
是　　否　　不确定</td></tr>
</table>

续表

<table>
<tr><td rowspan="9">访谈问题</td><td>12. 本地块内是否有遗留的危险废物堆存？（仅针对关闭企业提问）
是　　否　　不确定</td></tr>
<tr><td>13. 本地块内土壤是否曾受到过污染？
是　否　不确定</td></tr>
<tr><td>14. 本地块内地下水是否曾受到过污染？
是　否　不确定</td></tr>
<tr><td>15. 本地块周边1km范围内是否有幼儿园、学校、居民区、医院、自然保护区、农田、集中式饮用水水源地、饮用水井、地表水体等敏感用地？
是　　否　　不确定
若选是，敏感用地类型是什么？距离有多远？
若有农田，种植农作物种类是什么？</td></tr>
<tr><td>16. 本地块周边1km范围内是否有水井？
是　否　不确定
若选是，请描述水井的位置
距离有多远？水井的用途？
是否发生过水体混浊、颜色或气味异常等现象？
是　否　不确定
是否观察到水体中有油状物质？　是　否　不确定</td></tr>
<tr><td>17. 本区域地下水用途是什么？周边地表水用途是什么？</td></tr>
<tr><td>18. 本企业地块内是否曾开展过土壤环境调查监测工作？
是　否　不确定
是否曾开展过地下水环境调查监测工作？
是　否　不确定
是否开展过场地环境调查评估工作？
是　（　正在开展　已经完成）　否　不确定</td></tr>
<tr><td>19. 其他土壤或地下水污染相关疑问</td></tr>
</table>

附表3.2　地块信息调查质量检查表

<table>
<tr><td>调查单位</td><td></td><td>调查组成员</td><td></td><td>内审人员</td><td></td></tr>
<tr><td rowspan="2">调查情况</td><td>调查信息名称</td><td>完整性a</td><td>规范性b</td><td colspan="2">准确性c</td></tr>
<tr><td>地块基本信息情况</td><td>□完整
□缺__项</td><td>□规范
□不规范__项</td><td colspan="2">□准确
□不准确__项</td></tr>
</table>

续表

调查情况	使用现状及历史信息情况	□完整 □缺__项	□规范 □不规范__项	□准确 □不准确__项
	现场踏勘情况	□完整 □缺__项	□规范 □不规范__项	□准确 □不准确__项
	人员访谈情况	□完整 □缺__项	□规范 □不规范__项	□准确 □不准确__项
	污染源信息调查	□完整 □缺__项	□规范 □不规范__项	□准确 □不准确__项
	迁移途径信息调查	□完整 □缺__项	□规范 □不规范__项	□准确 □不准确__项
	敏感受体信息调查	□完整 □缺__项	□规范 □不规范__项	□准确 □不准确__项
存在问题				
检查组意见				
调查质量评价		□合格		□不合格
检查组人员： 审核日期：			调查单位代表： 日期：	

4

布点采样方案编制阶段的质量控制

布点采样方案是采样调查工作的设计图、施工图，所布点位的科学、合理程度，直接关系到能否以有限数量的点位确认地块的污染情况、捕捉污染严重的区域及后续分析测试和风险分级工作的顺利推进。因此，在布点采样工作方案编制阶段，要了解国家和各省（自治区、直辖市）政府对城市建设用地土壤污染防治调查的各项政策要求，掌握调查过程的各项工作程序和技术标准，对于拟采用的布点方法、采样方法及设备、分析测试标准和样品保存方式等工作，需要提前考虑其适用性和可操作性，避免临场使用时出现意外情况。同时，针对方案编制阶段遇到的重（难）点问题，要善于引入专家咨询机制，以保证调查工作的专业性。目前，国内已经建立并公开发布了从国家到省（自治区、直辖市）、市的多级土壤污染防治专家库，调查单位可自行邀请专家开展技术培训和指导工作。

4.1 核查已有信息

布点采样方案的编制是建立在前期基础信息调查阶段获得的信息资料的分析基础之上的，在编制过程中需结合现场实际和采样调查的需求，对已有信息进行核查，包括：①第一阶段土壤污染状况调查中重要的环境信息，如土壤类型和地下水埋深；②查阅污染物在土壤、地下水、地表水或地块周围环境的可能分布和迁移信息；③查阅污染物排放和泄漏的信息；④核查上述信息的来源，以确保其真实性和适用性。对于基础信息调查单位与采样调查单位不一致的，需更加注意基础信息的核查，对于前期基础信息发生变化的，要在方案中进行说明。

4.2 判断污染物的可能分布

布点采样方案编制的最终目标是通过系统科学的方法，分析判断污染物可能的分布区域和污染场地，用有限数量的采样点位最大可能地发现地块的污染情况；并根据地块的具体情况、地块内外的污染源分布、水文地质条件及污染物的迁移和转化等因素，判断地块污染物在土壤和地下水中的可能分布，综合各项数据分析结果和专业判断，充分阐述各布点区域的确定依据，选择合适的布点区域，为制定布点采样方案提供专业技术支撑。

4.3 制定工作方案

工作方案一般包括采样点的布设，样品数量设定，样品采集方法选择，监测项目和分析方法的设定与选择，现场快速检测方法，样品保存、运输和储存要求，质量控制措施及组织实施方式等。

4.3.1 监测点位布设

布点区域的筛选主要依赖于专业判断，从已识别的疑似污染区域中选择最有代表性的、最有可能捕获污染的区域，从污染物毒性、用量及渗漏风险等角度对布点区域选择的理由进行充分阐述。对于采样点位置的确定，要着重从污染捕获概率的角度进行阐述分析。当布点位置无法确定为某一固定位置时，即布点区域内某一范围内设置采样点的污染捕获概率无法判定时，可给出采样点备选范围；并且要针对计划点位无法钻进时点位调整的工作流程做好应急预案准备。

4.3.1.1 土壤监测点位布设方法

土壤污染环境调查中，常用的布点方法有系统随机布点法、专业判断布点法、分区布点法和系统布点法等。根据地块功能区域和土壤特征的不同，选择合适的布点方法进行布点。常用布点方法适用条件参照表 4.1 进行。

表 4.1 几种常见的布点方法及适用条件

布点方法	适用条件
系统随机布点法	适用于污染分布均匀的地块
专业判断布点法	适用于潜在污染明确的地块
分区布点法	适用于污染分布不均匀，但获得污染分布情况的地块
系统布点法	适用于各类地块情况，特别是污染分布不明确或污染分布范围大的情况

对于地块内土壤特征相近、土地使用功能相同的区域，可采用系统随机布点法进行监测点位的布设。将监测区域分成面积相等的若干工作单元，从中随机（随机数的获得可以利用掷骰子、抽签、查随机数表的方法）抽取一定数量的工作单元，在每个工作单元内布设一个监测点位。如地块土壤污染特征不明确或地块原始状况严重破坏，可采用系统布点法进行监测点位布设。将监测区域分成面积相等的若干工作单元，每个工作单元内布设一个监测点位。

对于地块内土地使用功能不同及污染特征明显差异的地块，可采用分区布点法进行监测点位的布设。将地块划分成不同的小区，再根据小区的面积或污染特征确定布点。地块内土地使用功能的划分一般分为生产区、办公区、生活区。原则上生产区的工作单元划分应以构筑物或生产工艺为单元，包括各生产车间、原料及产品储库、废水处理及废渣储存场、场内物料流通道路、地下储存构筑物及管线等。办公区包括办公建筑、广场、道路、绿地等。生活区包括食堂、宿舍及公用建筑等。对于土地使用功能相近、单元面积较小的生产区也可将几个单元合并成一个监测工作单元。

此外，一般情况下，还需在地块外部区域设置土壤对照监测点位。对照监测点位可选取在地块外部区域的四个垂直轴向上，每个方向上等间距布设3个采样点，分别进行采样分析。如因地形地貌、土地利用方式、污染物扩散迁移特征等因素致使土壤特征有明显差别或采样条件受到限制时，监测点位可根据实际情况进行调整。对照监测点位应尽量选择在一定时间内未经外界扰动的裸露土壤，应采集表层土壤样品，采样深度尽可能与地块表层土壤采样深度相同，如有必要也应采集下层土壤样品。

4.3.1.2 地下水监测点位布设方法

地块内如有地下水，需在疑似污染严重的区域布点，同时考虑在地块内地下水径流的下游布点。如需要通过地下水的监测了解地块的污染特征，则应在一定距离内的地下水径流下游汇水区内布点。

4.3.2 不同调查阶段点位布设

4.3.2.1 初步采样调查阶段

污染物识别工作单元应是根据调查地块历史使用功能和污染特征，筛选出可能的污染较重的若干工作单元。并在类似生产车间、污水管线、废弃物堆放处等有明显污染痕迹的部位或工作单元的中央进行布点。

对于污染较均匀的地块（包括污染物种类和污染程度）和地貌严重破坏的地块（包括拆迁性破坏、历史变更性破坏），可根据地块的形状采用系统随机布点法，在每个工作单元的中心采样。

监测点位的数量与采样深度应根据地块面积、污染类型及不同使用功能区域等阶段性调查结论来确定。

4.3.2.2 详细采样土壤监测点位的布设

对于污染较均匀的地块（包括污染物种类和污染程度）和地貌严重破坏的地块（包括拆迁性破坏、历史变更性破坏），可采用系统布点法划分工作单元，在每个工作单元的中心采样。

如果地块不同区域的使用功能或污染特征存在明显差异，则可根据土壤污染状况调查获得的原使用功能和污染特征等信息，采用分区布点法划分工作单元，在每个工作单元的中心采样。

单个工作单元的面积可根据实际情况确定，原则上不应超过 1600m^2。对于面积较小的地块，应不少于 5 个工作单元。采样深度应至土壤污染状况调查初步采样监测确定的最大深度，深度间隔参见初步采样阶段的要求。

如果需采集土壤混合样，可根据每个工作单元的污染程度和工作单元面积，将其分成 1～9 个均等面积的网格，在每个网格中心进行采样，将同层的土样制成混合样（测定挥发性有机物项目的样品除外）。

4.3.2.3 地下水监测点位的布设

地下水监测点位应沿地下水流向布设，可在地下水流向上游、地下水可能污染较严重区域和地下水流向下游分别布设监测点位。确定地下水污染程度和污染范围时，参照详细监测阶段土壤的监测点位，根据实际情况确定，并在污染较重区域加密布点。根据监测目的、所处含水层类型及其埋深和相对厚度来确定监测井的深度，且不穿透浅层地下水底板。地下水监测目的层与其他含水层之间要有良好的止水性。

一般情况下采样深度应在监测井水面下 0.5m 以下。对于低密度非水溶性有机物污染，监测点位应设置在含水层顶部；对于高密度非水溶性有机物污染，监测点位应设置在含水层底部和不透水层顶部。地下水对照监测井一般设置在调查地块内地下水流向上游一定距离处。

如果地块面积较大，地下水污染较重，且地下水较丰富，可在地块内地下水径流的上游和下游各增加 1～2 个监测井；如果地块内没有符合要求的浅层地下水监测井，则可根据调查阶段性结论在地下水径流的下游布设监测井；如果地块地下岩石层较浅，没有浅层地下水富集，则在径流的下游方向可能的地下蓄水处布设监测井；若前期监测的浅层地下水污染非常严重，且存在深层地下水时，可在做好分层止水条件下增加一口深井至深层地下水，以评价深层地下水的污染情况。

4.3.3 监测项目确定

监测项目确定需根据保守性原则，需要充分考虑第一阶段基础信息调查时确定的地块内外潜在污染源和污染物，结合场地历史企业环境保护批复文件中的“特征污染物”，参考国家和地方相关标准中的基本项目要求，同时考虑污染物的迁移转化，确定样品的测试项目，并逐一阐述理由。对于不能确定的项目，可选取潜在典型污染样品进行筛选分析。

一般工业地块可选择的检测项目有重金属、挥发性有机物、半挥发性有机物、氰化物和石棉等。如果土壤和地下水明显异常而常规检测项目无法识别时，可进一步结合色谱-质谱定性分析等手段对污染物进行分析，筛选判断非常规的特征污染物，必要时可采用生物毒性测试方法进行筛选判断。

4.3.4 样品采集工作安排

4.3.4.1 土壤样品的采集

土壤样品采集包括表层土壤样品采集和下层土壤样品采集。表层土壤样品的采集一般采用挖掘方式进行，一般采用锹、铲及竹片等简单工具，也可进行钻孔取样。表层土壤采样的基本要求为尽量减少土壤扰动，保证土壤样品在采集过程中不被二次污染。

下层土壤的采集以钻孔取样为主，也可采用槽探的方式进行采样。钻孔取样可采用人工或机械钻孔后取样。手工钻探采样的设备包括螺纹钻、管钻、管式采样器等。机械钻探包括实心螺旋钻、中空螺旋钻、套管钻等。槽探一般靠人工或机械挖掘采样槽，然后用采样铲或采样刀进行采样。槽探的断面呈长条形，根据地块类型和采样数量设置一定的断面宽度。槽探取样可通过锤击敞口取土器取样和人工刻切块状土取样。

挥发性有机物污染、易分解有机物污染、恶臭污染土壤的采样，应采用无扰动式的采样方法和工具。钻孔取样可采用快速击入法、快速压入法及回转法，主要工具包括土壤原状取土器和回转取土器。槽探可采用人工刻切块状土取样。采样后立即将样品装入密封的容器，以减少暴露时间。

如果需采集土壤混合样时，将等量各点采集的土壤样品充分混拌后四分法取得到土壤混合样。含易挥发、易分解和恶臭污染的样品必须进行单独采样，禁止对样品进行均质化处理，不得采集混合样。

4.3.4.2 地下水样品的采集

地下水采样时应依据地块的水文地质条件，结合调查获取的污染源及污染土壤特征，应利用最低的采样频次获得最有代表性的样品。

监测井可采用空心钻杆螺纹钻、直接旋转钻、直接空气旋转钻、钢丝绳套管直接旋转钻、双壁反循环钻、绳索钻具等方法钻井。

设置监测井时，应避免采用外来的水及流体，同时在地面井口处应采取防渗措施。监测井的井管材料应有一定强度，耐腐蚀，对地下水无污染。在监测井建设完成后必须进行洗井。所有的污染物或钻井产生的岩层破坏及来自天然岩层的细小颗粒都必须去除，以保证出流的地下水中没有颗粒。常见的方法包括超量抽水、反冲、汲取及气洗等。

地下水采样前应先进行洗井，采样应在水质参数和水位稳定后进行。测试项目中有挥发性有机物时，应适当减缓流速，避免冲击产生气泡，一般不超过 0.1L/min。低密度非水溶性有机物样品应用可调节采样深度的采样器采集，对于高密度非水溶性有机物样品可以应用可调节采样深度的采样器或潜水式采样器采集。地下水采样的对照样品应与目标样品来自相同含水层的相同深度。

4.3.5 样品保存与流转工作安排

4.3.5.1 土壤样品的保存与流转

不同污染类型土壤样品所采用的保存方法各不相同，采样工作开始前需制定明确的样品保存和流转方案，如挥发性有机物污染的土壤样品和恶臭污染土壤的样品，应采用密封性的采样瓶封装，样品应充满容器整个空间；含易分解有机物的待测定样品，应采取适当的封闭措施（如甲醇或水液封等方式保存于采样瓶中）。样品应置于4℃以下的低温环境（如冰箱）中运输、保存，避免运输、保存过程中的挥发损失，送至实验室后应尽快分析测试。

此外，挥发性有机物浓度较高的样品，装瓶后应密封在塑料袋中，避免交叉污染，应通过运输空白样来控制运输和保存过程中交叉污染情况。

4.3.5.2 地下水样品的保存与流转

样品采集后应尽快运送实验室分析，并根据监测目的、监测项目和监测方法的要求，按要求在样品中加入保存剂。样品运输过程中应避免日光照射，并置于4℃以下冷藏箱中保存，气温异常偏高或偏低时还应采取适当保温措施。水样装箱前应将水样容器内外盖盖紧，对装有水样的玻璃磨口瓶应用聚乙烯薄膜覆盖瓶口并用细绳将瓶塞与瓶颈系紧。同一采样点的样品瓶尽量装在同一箱内，与采样记录或样品交接单逐件核对，检查所采水样是否已全部装箱。装箱时应用泡沫塑料或波纹纸板垫底和间隔防震。运输时应有押运人员，防止样品损坏或受沾污。

样品送达实验室后，由样品管理员接收。样品管理员对样品进行符合性检查，包括样品包装、标识及外观是否完好；对照采样记录单检查样品名称、采样地点、样品数量、形态等是否一致；核对保存剂加入情况；样品是否冷藏，冷藏温度是否满足要求；样品是否有损坏或污染。

当样品有异常，或对样品是否适合测试有疑问时，样品管理员应及时向送样人员或采样人员询问，样品管理员应记录有关说明及处理意见，发现样品有损坏或污染时须重新采样。

样品管理员确定样品符合样品交接条件后，进行样品登记，并由双方签字。样品管理员负责保持样品储存间清洁、通风、无腐蚀的环境，并对储存环境条件加以维持和监控。样品储存间应有冷藏、防水、防盗和门禁措施，以保证样品的安全。

样品流转过程中，除样品唯一性标识需转移和样品测试状态需标识外，任何人、任何时候都不得随意更改样品唯一性编号。分析原始记录应记录样品唯一性编号。

在实验室测试过程中由测试人员及时做好分样、移样的样品标识转移，并根据测试状态及时作好相应的标记。

地下水样品变化快、时效性强，监测后的样品均留样保存意义不大，但对于测试结果异常样品、应急监测和仲裁监测样品，应按样品保存条件要求保留适当时间。留样样品应有留样标识。

4.3.6 样品分析工作安排

样品分析工作主要分为两个部分：一是现场样品分析，二是实验室样品分析。

4.3.6.1 现场样品分析

现场样品分析主要是根据地块污染情况，使用便携式仪器设备进行定性和半定量分析，快速筛选出点位样品合适的采样位置，以提高采样效率和污染捕获概率。此外，地下水样品的温度须在现场进行分析测试，溶解氧、pH、电导率、色度、浊度等监测项目作为地下水样品采样条件判断因素，亦须在现场进行分析测试，并应保持监测时间一致性。因此需在采样开始前，确定现场快筛设备清单，做好校准测试，做好仪器使用说明等，并写入工作方案中。

4.3.6.2 实验室样品分析

实验室样品分析即根据国家标准或行业标准对送达实验室的样品进行分析测试。土壤样品关注污染物的分析测试应参照《土壤环境质量 建设用地土壤污染风险管控标准（试行）》（GB 36600—2018）和《土壤环境监测技术规范》（HJ/T 166—2004）中的指定方法。土壤的常规理化特征，包括土壤 pH、粒径分布、密度、孔隙度、有机质含量、渗透系数、阳离子交换量等的分析测试应参照《岩土工程勘察规范》（GB 50021—2001）执行。污染土壤的危险废物特征鉴别分析应参照《危险废物鉴别标准 通则》（GB 5085.7—2019）和《危险废物鉴别技术规范》（HJ 298—2019）中的指定方法执行。地下水监测项目的分析方法优先选用国家或行业标准方法。尚无国家或行业标准分析方法时，可选用行业统一分析方法或等效分析方法，但须按照《环境监测 分析方法标准制修订技术导则》（HJ 168—2010）的要求进行方法确认和验证，方法检出限、测定下限、准确度和精密度应满足地下水环境监测要求。所选用分析方法的测定下限应低于规定的地下水标准限值。

承担样品分析的检测实验室需具备CMA或CNAS资质证书，所选用的有标准的分析方法须在其资质范围内，且所选用分析方法的检出限应低于对应的测试项目评价标准。相关信息须以表格形式在方案中列出。

4.3.7 质量保证和质量控制工作安排

4.3.7.1 采样过程

在样品的采集、保存、运输、交接等过程应建立完整的管理程序。为避免采样设备及外部环境条件等因素对样品产生影响，应注重现场采样过程中的质量保证和质量控制。

应防止采样过程中的交叉污染。钻机采样过程中，在第一个钻孔开钻前要进行设备清洗；进行连续多次钻孔的钻探设备应进行清洗；同一钻机在不同深度采样时，应对钻探设备、取样装置进行清洗；与土壤接触的其他采样工具重复利用时也应清洗。一般情况下可用清水清理，也可用待采土样或清洁土壤进行清洗；必要时或特殊情况下，可采用无磷去垢剂溶液、高压自来水、去离子水（蒸馏水）或10%硝酸进行清洗。

采集现场质量控制样是现场采样和实验室质量控制的重要手段。质量控制样一般包括平行样、空白样及运输样，质量控制样品的分析数据可从采样到样品运输、储存和数据分析等不同阶段反映数据质量。

在采样过程中，同种采样介质，应采集至少一个样品采集平行样。样品采集平行样是从相同的点位收集并单独封装和分析的样品。

采集土壤样品用于分析挥发性有机物指标时，每次运输应采集至少一个运输空白样，即从实验室带到采样现场后，又返回实验室的与运输过程有关，并与分析无关的样品，以便了解运输途中是否受到污染和样品是否损失。

现场采样记录、现场监测记录可使用表格描述土壤特征、可疑物质或异常现象等，同时应保留现场相关影像记录，其内容、页码、编号要齐全便于核查，如有改动应注明修改人及时间。

地下水样品采样前，采样器具和样品容器应按不少于3%的比例进行质量抽检，抽检合格后方可使用；保存剂应进行空白试验，其纯度和等级须达到分析的要求。

每批次水样，应选择部分监测项目根据分析方法的质量控制要求加采不少于10%的现场平行样和全程序空白样，样品数量较少时，每批次水样至少加采1次现场平行样和全程序空白样，与样品一起送实验室分析。当现场平行样测定结果差异较大，或全程序空白样测定结果大于方法检出限时，应仔细检查原因，以消除现场平行样差异较大、空白值偏高的因素，必要时重新采样。

4.3.7.2 分析测试过程

每批样品分析时，应同时测定实验室空白样品，当空白值明显偏高时，应仔细检查原因，以消除空白值偏高的因素，并重新分析。

用校准曲线定量时，必须检查校准曲线的相关系数、斜率和截距是否正常，必要时进行校准曲线斜率、截距的统计检验和校准曲线的精密度检验。控制指标按照分析方法中的要求确定。校准曲线不得长期使用，不得相互借用。原子吸收分光光度法、气相色谱法、离子色谱法、等离子发射光谱法、原子荧光法、气相色谱-质谱法和等离子体质谱法等仪器分析方法校准曲线的制作必须与样品测定同时进行。

精密度可采用分析平行双样相对偏差和一组测量值的标准偏差或相对标准偏差等来控制。监测项目的精密度控制指标按照分析方法中的要求确定。平行双样可以采用密码或明码编入。每批样品分析时均须做一定比例的平行双样，样品数较小时，每批样品应至少做一份样品的平行双样。一组测量值的标准偏差和相对标准偏差的计算参照《环境监测分析方法标准制订技术导则》（HJ 168—2020）相关要求。

采用标准物质和样品同步测试的方法作为准确度控制手段，每批样品应带一个已知浓度的标准物质或质量控制样品。如果实验室自行配制质量控制样品，要注意与国家标准物质比对，并且不得使用与绘制校准曲线相同的标准溶液配制，必须另行配制。对于受污染的或样品性质复杂的地下水，也可采用测定加标回收率作为准确度控制手段。相对误差和加标回收率的计算可参照《环境监测分析方法标准制订技术导则》（HJ 168—2020）的计算方法进行。

4.3.8 健康和安全防护计划

建设用地土壤环境调查工作中，大量涉及地下钻探作业，方案编制人员需要根据有关法律法规和工作现场的实际情况，制定地块调查人员的健康和安全防护计划。通过前期的现场勘查，识别出工作场所中的危险因素，结合资料收集、人员访谈和现场物探等方式摸清地下罐槽、雨污管线、电力管线、燃气管线、通信管线等地下设施线路的位置、走向和埋深等信息，收集作业环境安全背景数据，评估可能危害物质，选定人员安全防护装备。并对现场作业危害进行分析，拟定避险和纠正措施，制定安全培训计划，并确保在施工作业开始前对所有项目参与人员进行安全培训。

此外，针对现场可能出现的机械伤害、触电、高温中暑及环境污染等现场事故做好应急管理方案。

4.4 评估采样调查结果

完成调查工作后，还应对调查数据做综合数据分析，分析不同代表位置和土层的土壤样品的理化性质数据，如土壤 pH、容重、有机碳含量、含水率和质地等；整合地块（所在地）气候、水文、地质特征信息和数据，如地表年平均风速和水力传导系数等。然后分析初步采样获取的地块信息，主要包括土壤类型、水文地质条件、现场和实验室检测数据等；初步确定污染物种类、程度和空间分布；评估初步采样分析的质量保证和质量控制。最后编制调查报告，以供地块风险评估、风险管控和修复使用。

4.5 质量控制的管理实施

4.5.1 组织实施方式

《重点行业企业用地调查疑似污染地块布点采样方案审核工作手册（试行)》指出，根据建设用地调查组织实施模式，统筹组织方案审核工作，可委托技术牵头单位或第三方质量控制单位具体实施，按行业和地域制订审核工作计划，组织专家对布点采样方案的科学合理性进行审核。专家组应包含如下四方面专家：①具备污染地块调查评估经验的专家；②熟悉相关行业生产工艺的环评专家或清洁生产审核专家或行业协会的专家；③具备水文地质或勘探相关专业背景的专家；④分析测试方面的专家。

负责初步采样调查组织实施的部门制定方案审核工作计划；组织专家对布点采样方案进行审核；方案编制单位根据专家审核意见修改完善布点采样方案，必要时再次上会审核。专家审核会相关审核工作要点包括：①确认方案是否满足上会条件。布点采样方案中的采样点已经过现场确定，确认采样点避开了地下构筑物、不影响正常生产、不存在安全隐患、具备采样条件、并经被调查地块签字认可；方案编制单位内部质量监督检查组审核通过。②审核会专家选择。参与审核会的专家应不少于 3 名，应包括具备污染地块调查评估经验的专家、具有水文地质或勘探专业背景的专家、熟悉当地企业情况的相关行业专家及分析测试专家。当地管理部门和第三方质量控制单位应派员参会。专家审核意见记录见附表 4.1。

4.5.2 方案审核要点

方案审核要点主要包括点位布设、测试项目设置、分析测试安排、样品采集、保存流转等工作安排的科学合理性。

4.5.2.1 点位布设

点位布设审核要点包括：

1）疑似污染区域识别是否全面、准确。

2）布点区域选择依据是否充分。

3）布点数量是否符合有关技术规定。

4）布点位置是否合理、是否经过现场确认。

4.5.2.2 测试项目

1）测试项目设置是否包含《土壤环境质量 建设用地土壤污染风险管控标准（试行）》（GB 36600—2018）中的必测项目。

2）测试项目设置是否充分考虑基础信息调查阶段确定的特征污染物。

3）若测试项目未完全包含《土壤环境质量 建设用地土壤污染风险管控标准（试行）》（GB36600—2018）中的必测项目及地块特征污染物，理由是否充分。

4.5.2.3 分析测试

1）测试项目的分析测试方法是否明确。

2）分析测试方法检出限等技术指标是否满足相关测试项目的评价标准要求。

3）检测实验室及外控实验室是否确定，并具备相关测试项目的资质认定。

4.5.2.4 样品采集

1）土孔钻探方法及设备选择、钻探深度等是否合理。

2）地下水采样井建井材料选择、成井过程、洗井方式等是否合理。

3）土壤和地下水样品采样深度是否合理。

4）样品采样方法、采样设备、现场空白和平行样等质量控制工作要求是否符合相关技术规定及相应分析测试方法的要求。

5）现场采样质量控制措施是否明确、质量控制平行样点选择、质量控制人员安排是否合理、是否建立了有效的质量控制流程和手段、是否形成质量控制闭环、是否明确了现场点位调整的工作流程。

4.5.2.5 保存流转

1）对保存容器、保存剂添加、保存条件、运输及储存条件的要求等是否符合有关技术规定及相应的分析测试方法的要求。

2）样品流转安排能否保证样品保存条件和测试时限的要求。

4.6 质量控制的结果处理

专家对布点采样方案中点位布设、测试项目、分析测试、样品采集、保存流转安排等方面进行质询，对布点采样方案的科学合理性等进行评价，专家讨论后出具审核结论及修改意见。审核结论包括三类：①直接通过；②根据意见修改完善后经专家组长确认通过；③根据意见修改完善后再上会审核。

对于布点合理性存疑、专家认为有必要进行现场踏勘确认的地块，由方案编制单位组织专家进行现场踏勘确认。布点采样方案再次上会审核时，原则上应尽量选择参与第一次审核的专家。

方案编制单位按照专家意见对布点采样方案进行修改完善，并在方案中附上专家审核意见和修改完善情况说明。针对需再次上会审核的布点采样方案，若调整布点区域或布点位置的，应现场核实点位具备采样条件，并与被调查企业再次沟通确认。

4.7 本章附录

附表 4.1 布点采样方案审核意见记录表（专业判断布点法）

<table>
<tr><td>地块编码</td><td></td><td>地块名称</td><td></td><td>方案编制单位</td><td></td></tr>
<tr><td>审核内容</td><td colspan="3">审核要点</td><td>是否满足</td><td>审核意见</td></tr>
<tr><td rowspan="7">点位布设</td><td colspan="3">* 布点所采用底图是否与基础信息调查阶段收集的图件一致</td><td>是　否</td><td></td></tr>
<tr><td colspan="3">* 疑似污染区域识别是否充分</td><td>是　否</td><td></td></tr>
<tr><td colspan="3">* 布点区域选择依据是否充分</td><td>是　否</td><td></td></tr>
<tr><td colspan="3">* 布点位置是否明确，布点位置的确定理由是否合理</td><td>是　否</td><td></td></tr>
<tr><td colspan="3">采样点是否经过现场确认</td><td>是　否</td><td></td></tr>
<tr><td colspan="3">* 土壤和地下水样品采样深度确定方法是否明确且符合技术规定的要求</td><td>是　否</td><td></td></tr>
<tr><td colspan="3">点位调整流程是否明确</td><td>是　否</td><td></td></tr>
<tr><td rowspan="2">测试项目</td><td colspan="3">测试项目是否包括 GB 36600—2018 中 45 项基本指标</td><td>是　否</td><td></td></tr>
<tr><td colspan="3">* 测试项目设置是否充分考虑基础信息调查阶段确定的特征污染物，未完全包含的特征污染物，理由是否充分</td><td>是　否</td><td></td></tr>
<tr><td rowspan="2">分析测试</td><td colspan="3">* 测试项目的分析测试方法是否明确，测试方法检出限是否满足要求</td><td>是　否</td><td></td></tr>
<tr><td colspan="3">* 检测实验室是否确定</td><td>是　否</td><td></td></tr>
<tr><td rowspan="2">样品采集、保存和流转</td><td colspan="3">土壤和地下水采样过程技术要求是否明确</td><td>是　否</td><td></td></tr>
<tr><td colspan="3">土壤和地下水测试项目分类及样品采集保存和流转安排是否明确</td><td>是　否</td><td></td></tr>
</table>

续表

现场安全防护	布点采样方案是否对采样过程的安全性进行了考量，是否对可能的安全隐患提出了要采取的规避措施	是　否	
总体意见：　直接通过　　建议修改完善　　建议修改后重新组织专家审核			
审核专家		审核日期	

5 样品采集阶段的质量控制

土壤样品的采集是土壤环境调查工作的核心，它是关系分析测试结果是否具有真实性、代表性的前提条件。环境保护部办公厅于2017年12月7日发布的《关于印发〈重点行业企业用地调查质量保证与质量控制技术规定（试行）〉的通知》指出，需对样品采集过程的采样现场以及采样资料开展自审、内审和外审的三级审核。土壤环境调查样品采集过程包括采样前准备、土孔钻探、土壤样品采集、地下水采样井建设、地下水采样井洗井以及地下水样品采集。土壤环境是一个不均匀的体系，要使样品真正具有真实性、代表性，样品采集过程需要严格遵循技术要求，把握过程质量。

5.1 样品采集的技术细则

5.1.1 采样前的准备

5.1.1.1 人员准备

样品采集阶段的工作由现场工作组、技术组和后勤保障组协同配合完成的。其中，现场工作组负责现场的土孔钻探、地下水采样井建设、样品采集和非地下水采样井建设点位土孔封孔工作；技术组主要由方案编制阶段的技术人员组成，负责与现场组实时对接，为采样现场可能出现的突发状况提供技术支持和专业意见；后勤保障组主要由行政和财务部门组成，负责为样品采集工作实施期间工作人员户外工作条件、人身安全、物资设备采购、交通运输车辆及突发意外等提供后勤保障。

为落实《全国土壤污染状况详查总体方案》要求，规范各地重点行业企业用地土壤污染状况调查的初步采样调查工作，生态环境部组织编制了《重点行业企业用地调查样品采集保存和流转技术规定（试行）》，指出现场工作组主要由组长、钻探设备操作员、采样员和质量控制员组成，技术组可根据实际情况安排现场或远程技术支持。现场工作组成员需满足以下要求：

1）工作组组长应具有2年或以上建设用地环境调查工作经验，具备建设用地环境调查相关的专业知识，具备一定的团队工作管理和突发状况应对能力。

2）钻探设备操作员应具有相关设备操作证或上岗证，具备工程勘探、地质勘探、地下水采样井建设和土孔封孔工作经验，具备一定的设备维护和修理能力。

3）采样员应具有土壤、水质或环境类样品采集工作上岗证或培训合格证，熟悉建设用地调查样品采集工作流程和技术要求，掌握现场采样相关仪器设备的操作方法。

4）质量控制员应具有环境监测质量保证与质量控制工作经验，参与过相关培训，掌握建设用地环境调查采样工作质量控制的要求，具备发现质量问题和提出整改意见的能力。

5.1.1.2　工作内容及要求明确

现场采样工作开展前，方案编制人员需与现场工作组进行工作内容及要求的沟通确认，并对相关技术问题进行技术交底，确认相关内容。具体包括以下几个方面内容。

1）确认土壤和地下水采样点位数量及位置。

2）确认所选用钻探设备的适用性和安全性。

3）确认调查场地或区域水文地质特性及空间布局，评估钻孔取样建井的可行性。

4）确认土壤样品和地下水样品检测项目及相关采样要求（如样品保存容器的要求，采样器具的要求，样品保存条件的要求等）。

5）确认土壤和地下水样品保存及流转实施细则。

6）确认安全培训等事宜，包括设备的安全使用、现场人员安全防护及应急预案等。

5.1.1.3　钻探、采样设备准备

现场采样工作开展前，现场工作组、技术组和后勤保障组需提前对钻探设备、采样所需设备及耗材、交通运输车辆和常规物资进行准备和确认，最终由现场工作组组长确认达到要求后即可开展采样工作。

（1）钻探设备

钻探设备的选取应综合考虑地块地层岩性、污染物特性、周边建筑物条件、安全条件和采样深度等因素，并满足取样的要求。其中，挥发性有机物和恶臭污染土壤的采样，应采用非扰动的钻探设备。常见的钻探方法有：探坑法、手工钻探法、冲击钻探、旋转钻探和直推式钻进。

1）探坑法。探坑法的优点在于，可以在较狭小空间进行作业，适用于多种地面条件；可以观察到土壤的剖面，便于拍照、记录颜色和岩性条件等基本信息；可从三维的角度来描述地层条件；易于取得较多样品。

探坑法的缺点在于人工挖掘的深度一般不宜超过 1.2m，除非有足够安全的支护措施，采用轮式/履带式的挖掘机最大深度约为 4.5m；挖掘过程对土壤扰动较大，会使土壤暴露于空气中，造成挥发性污染物损失；对场地的破坏程度较大，挖掘出来的土壤需要单独处

理，易造成二次污染；不适合在地下水位以下取样。

2）手工钻探法。手工钻探法的优点在于，可以满足地层校验和定深土壤样品采集的要求；适用于松散的人工堆积层和第四系沉积的粉土、黏性土地层，即不含大块碎石等障碍物的地层；适用机械难以进入的场地。

手工钻探法的缺点在于采用人工操作，最大钻进深度一般不超过5m，受地层的坚硬程度和人为因素影响较大，当有碎石等障碍物存在时，很难继续钻进；同时只能获得体积较小的土壤样品。

3）冲击钻探。冲击钻探的优点在于钻探深度一般可达30m；对人员健康安全和地面环境影响较小；钻进过程无需添加水或泥浆等冲洗介质，可以采集未经扰动、含挥发性有机物土壤样品；可采集到多类型样品，包括污染物分析试样、土工试验样品、地下水试样。

冲击钻探的缺点在于不如探坑法获得地层的感性认识直观；需要处置从钻孔中钻探出来的多余样品；钻进速度较慢，很难钻透砂卵石层。

4）旋转钻探。旋转钻探的优点在于钻探深度可达40～100m；可以在钻杆空心部分建设采样井，避免钻孔坍塌。

旋转钻探的缺点在于钻进深度受钻具和岩层的共同影响，不可用于坚硬岩层、卵石层和流砂地层；采集挥发性土壤样品时，需要更换钻具，导致钻探过程复杂，耗时较多；采用无浆液钻进容易产生热量，导致土壤中挥发性有机污染物损失。

5）直推式钻进。直推式钻进的优点在于适用均质地层，典型采样深度为20～30m；钻进过程无需添加水或泥浆等冲洗介质；可采集原状土芯，适用于挥发性有机物土壤样品采集。

直推式钻进的缺点在于对操作人员技术要求较高，设备费用高，不可用于坚硬岩层、卵石层和流砂地层；典型钻孔直径为3.5～7.5cm，对于建设用地地下水采样井的钻孔需进行扩孔。

（2）定位和探测设备

《建设用地土壤污染状况调查技术导则》（HJ 25.1—2019）中指出，在采样前，可采用卷尺、GPS卫星定位仪、经纬仪和水准仪等工具在现场确定采样点的具体位置和地面标高，并在布点图中标出。可采用金属探测器或探地雷达等设备探测地下障碍物，确保采样位置避开地下电缆、管线、沟、槽等地下障碍物。采用水位仪测量地下水水位，采用油水界面仪探测地下水非水相液体。

（3）现场检测设备

《建设用地土壤污染状况调查技术导则》（HJ 25.1—2019）中指出，可采用便携式有机物快速测定仪、重金属快速测定仪、生物毒性测试等现场快速筛选技术手段进行定性或定量分析，可采用直接贯入设备现场连续测试地层和污染物垂向分布情况，也可采用土壤气体现场检测手段和地球物理手段初步判断地块污染物及其分布，指导样品采集及监测点位布设。采用便携式设备现场测定地下水水温、pH、电导率、浊度和氧化还原电位等。

梁颖等[23]通过对挥发性有机物快速测定仪和重金属快速测定仪的原理、特点及应用现状进行分析，探讨了其适用性和应用条件。目前针对挥发性有机物的现场快速测定，常用的仪器有光离子化检测器（photo ionization detector，PID）和火焰离子化检测器（flame ionization detector，FID）。

PID 是一种通用性兼选择性的检测器，对大多数有机物都有响应信号，可用于土壤和地下水中挥发性有机污染物的检测。它的主要原理是通过光源激发使待测气体分子发生电离，选用不同能量的晶体光窗，可选择性地测定各种类型的化合物。

PID 的特点是对大多数有机物可产生响应信号，如对芳烃和烯烃具有选择性，可降低混合碳氢化合物中烷烃基体的信号以简化色谱图；不但具有较高的灵敏度，还可简便地对样品进行前处理，在分析脂肪烃时，其响应值可比火焰离子化检测器高 50 倍。同时，它还是一种非破坏性检测器，可与质谱、红外检测器等实行联用，进一步确定有机物的分子量及特征基团等信息，可在常压下进行操作，不需使用氢气、空气等，设备简便，便于携带。

FID 是采用氢火焰的办法将样品气体进行电离，电离产生比基流高几个数量级的离子，在高压电场的定向作用下，形成离子流，微弱的离子流经过高阻放大，成为与进入火焰的有机化合物能量成正比的电信号，从而可以根据信号的大小对有机物进行定量分析。

FID 的特点是对几乎所有挥发性的有机化合物均有响应，对所有烃类化合物（$C\geqslant3$）的相对响应值几乎相等，对含杂原子的烃类有机物中的同系物（$C\geqslant3$）的相对响应值也几乎相等。对化合物的定量带来很大的方便，而且具有灵敏度高、基流小、线性范围宽、死体积小、响应快、可以和毛细管柱直接联用，对气体流速、压力变化不敏感等优点。

挥发性有机物快速测定技术主要应用于建设用地污染筛查、土壤污染分析样品筛选、地下水污染调查等方面。具体表现在：初步确定土壤和地下水中挥发性有机污染物的浓度、初步识别土壤及地下水污染范围、指导土壤及地下水样品的采集等。PID 相比 FID，具有体积小、重量轻、方便携带、操作简单及安全性高等优势，在建设用地调查和修复中应用较为广泛。

应用于建设用地调查及修复的重金属快速测定技术指的是运用便携式 X 射线荧光元素分析仪（portable X-ray fluorescence，PXRF）对建设用地土壤中重金属进行快速测定。

PXRF 的原理是通过 X 射线激发样品并产生二次 X 射线，使得样品中的元素具有特征的二次 X 射线波长。根据每个元素释放的 X 射线光谱谱线位置和强度的不同，将测出的数据同标准曲线进行拟合，参照修正标准，对其二次 X 射线发射的效应进行适当的校准，从而区分元素种类和计算含量，对样品进行分析测试，得出金属元素的大致含量。

PXRF 技术具有检测元素范围广、分析速度快、多元素同时测定、前处理简单、现场非破坏的优点。同时，PXRF 仪器具有体积小、重量轻和使用方便的特点。但是，PXRF 的使用需要前期训练操作人员，检测限较高，可能受到基质干扰。

PXRF 技术在建设用地调查中的应用主要是对土壤重金属的现场快速测试，通过测试结果协助判断土壤中重金属的大致污染程度和范围，并用于土壤样品的筛选。

5.1.1.4 安全和技术培训

正式采样工作开展前，现场工作组组长应组织现场工作人员进行安全和技术培训。

由组长负责对设备使用安全、个人安全防护、有限空间作业安全防护、高空作业安全防护及突发状况应急预案等内容进行培训讲解。由技术组负责对现场采样设备器具的使用、不同检测项目样品采集过程中的注意事项等内容进行培训讲解。

5.1.1.5 入场前沟通协调

入场前 2～3 天，由现场工作组组长负责与场地使用权人或场地负责人联系，沟通钻探设备和工作组人员入场时间；与检测实验室沟通协调样品运输接收时间和交接流程。

5.1.2 土孔钻探

《重点行业企业用地调查样品采集保存和流转技术规定（试行）》中指出，土孔钻探按照钻机架设、开孔、钻进、取样、封孔、点位复测的流程进行，各环节技术要求如下：

1）根据钻探设备实际需要清理钻探作业面，架设钻机，设立警示牌或警戒线。

2）开孔直径应大于正常钻探的钻头直径，开孔深度应超过钻具长度。

3）每次钻进深度宜为 50～150cm，岩芯平均采取率一般不小于 70%。其中，黏性土及完整基岩的岩芯采取率不应小于 85%，砂土类地层的岩芯采取率不应小于 65%，碎石土类地层岩芯采取率不应小于 50%，强风化、破碎基岩的岩芯采取率不应小于 40%。

应尽量选择无浆液钻进，全程套管跟进，防止钻孔坍塌和上下层交叉污染。不同样品采集之间应对钻头和钻杆进行清洗，清洗废水应集中收集处置。钻进过程中揭露地下水时，要停钻等水，待水位稳定后，测量并记录初见水位及静止水位。土壤岩芯样品应按照揭露顺序依次放入岩芯箱，对土层变层位置进行标识。

4）钻孔过程中参照"土壤钻孔采样记录单"（附表 5.1）填写土壤钻孔采样记录单，对采样点、钻进操作、岩芯箱、钻孔记录单等环节进行拍照记录。

采样拍照按照钻井东、南、西、北四个方向进行拍照记录，照片应能反映周边建构筑物、设施等情况，建议以点位编号+E、S、W、N 分别作为东、南、西、北四个方向照片名称。

钻孔拍照应体现钻孔作业中开孔、套管跟进、钻杆更换和取土器使用、原状土样采集等环节操作。

岩芯箱拍照应体现整个钻孔土层的结构特征，重点突出土层的地质变化和污染特征。

其他照片还包括钻孔照片（含钻孔编号和钻孔深度）、钻孔记录单照片等。

5）钻孔结束后，对于不需设立地下水采样井的钻孔应立即封孔并清理恢复作业区地面。

6）钻孔结束后，使用全球定位系统（GPS）或手持智能终端对钻孔的坐标进行复测，记录坐标和高程。

5.1.3 土壤样品采集

5.1.3.1 采样深度

《建设用地土壤污染风险管控和修复监测技术导则》（HJ 25.2—2019）指出，对于每个工作单元，表层土壤和下层土壤垂直方向层次的划分应综合考虑污染物迁移情况、构筑物及管线破损情况、土壤特征等因素确定。采样深度应扣除地表非土壤硬化层厚度，原则上应采集0～0.5m表层土壤样品，0.5m以下下层土壤样品根据判断布点法采集，建议0.5～6m土壤采样间隔不超过2m；不同性质土层至少采集一个土壤样品。同一性质土层厚度较大或出现明显污染痕迹时，根据实际情况在该层位增加采样点。《重点行业企业用地调查样品采集保存和流转技术规定（试行）》指出，当土层特性垂向变异较大、存在明显杂填区域，或现场快速检测设备识别污染相对较重时，适当增加送检土壤样品。若钻探至地下水位时，原则上应在水位线附近50cm范围内和地下水含水层中各采集一个土壤样品。

《建设用地土壤污染风险管控和修复监测技术导则》（HJ 25.2—2019）指出，一般情况下，应根据地块土壤污染状况调查阶段性结论及现场情况确定下层土壤的采样深度，最大深度应直至未受污染的深度为止。

《重点行业企业用地土壤污染状况调查样品采集保存和流转质量控制工作手册（试行）》指出，每个采样点至少在3个深度采集土壤样品，若地下水埋深小于3m，至少采集2个样品；每一深度样品，应在通过颜色、性状等现场辨识出的存在污染痕迹或现场快速检测筛选出的污染相对较重的位置进行取样。

《建设用地土壤污染状况调查技术导则》（HJ 25.1—2019）指出，土壤样品分表层土壤和下层土壤。下层土壤的采样深度应考虑污染物可能释放和迁移的深度（如地下管线和储槽埋深）、污染物性质、土壤的质地和孔隙度、地下水位和回填土等因素，可利用现场探测设备辅助判断采样深度。

5.1.3.2 土壤样品采集一般要求

《重点行业企业用地调查样品采集保存和流转技术规定（试行）》指出，用于检测

VOCs 的土壤样品应单独采集，不允许对样品进行均质化处理，也不得采集混合样。

取土器将柱状的钻探岩芯取出后，先采集用于检测 VOCs 的土壤样品，具体流程和要求如下：①用刮刀剔除约 1～2cm 表层土壤，在新的土壤切面处快速采集样品。②针对检测 VOCs 的土壤样品，应用非扰动采样器采集不少于 5g 原状岩芯的土壤样品推入加有 10mL 甲醇（色谱级或农残级）保护剂的 40mL 棕色样品瓶内，推入时将样品瓶略微倾斜，防止将保护剂溅出。③检测 VOCs 的土壤样品应采集双份，一份用于检测，一份留作备份。

用于检测含水率、重金属、SVOCs 等指标的土壤样品，可用采样铲将土壤转移至广口样品瓶内并装满填实。

采样过程应剔除石块等杂质，保持采样瓶口螺纹清洁以防止密封不严。应根据污染物理化性质等，选用合适的容器保存。土壤装入样品瓶后，记录样品编码、采样日期和采样人员等信息，贴到样品瓶上。

土壤采样完成后，样品瓶需用泡沫塑料袋包裹，随即放入现场带有冷冻蓝冰的样品箱内进行临时保存。汞或有机污染的土壤样品应在 4℃以下的温度条件下保存和运输。

《土壤样品制备流转与保存技术规定》指出，待测样品为土壤新鲜样品的，如测定挥发性和半挥发性有机物质，或测定氰化物等时，需要采集的土壤新鲜样品，应在 4℃以下避光保存，必要时在-18℃以下冷冻保存。

5.1.3.3 土壤样品现场快速检测

《重点行业企业用地调查样品采集保存和流转技术规定（试行）》指出，土壤样品现场快筛操作具体要求如下：

1）根据地块污染情况，推荐使用光离子化检测仪（PID）对土壤 VOCs 进行快速检测，使用 X 射线荧光光谱仪（XRF）对土壤重金属进行快速检测。根据地块污染情况和仪器灵敏度水平，设置 PID、XRF 等现场快速检测仪器的最低检测限和报警限，并将现场使用的便携式仪器的型号和最低检测限记录于“土壤钻孔采样记录单”（附表 5.1）。

2）现场快速检测土壤中 VOCs 时，用采样铲在 VOCs 取样相同位置采集土壤置于聚乙烯自封袋中，自封袋中土壤样品体积应占 1/2～2/3 自封袋体积。取样后，自封袋应置于背光处，避免阳光直晒，取样后在 30 分钟内完成快速检测。检测时，将土样尽量揉碎，放置 10 分钟后摇晃或振荡自封袋约 30 秒，静置 2 分钟后将 PID 探头放入自封袋顶空 1/2 处，紧闭自封袋，记录最高读数。

3）将土壤样品现场快速检测结果记录于“土壤钻孔采样记录单”（附表 5.1），并根据现场快速检测结果辅助筛选送检土壤样品。

5.1.3.4 土壤平行样

《土壤环境监测技术规范》（HJ/T 166—2004）指出，每批样品每个项目分析时均须做 20% 平行样品；当样品 5 个以下时，平行样不少于 1 个。

每个地块至少采集 1 份平行样。每份平行样品采集 2 个，送检测实验室进行分析测试。同时，根据项目需求，可同时采集第 3 个平行样品送另一检测实验室进行比对分析测试。《重点行业企业用地调查样品采集保存和流转技术规定（试行）》要求，平行样应在土样同一位置采集，两家检测实验室的检测项目和检测方法应一致，在采样记录单中标注平行样编号及对应的土壤样品编号。

《深圳市建设用地土壤污染状况调查与风险评估工作指引（2021 年版）》指出，现场采样质控样一般包括现场密码平行样、现场空白样、运输空白样等，总数应不少于总样品数的 10%，其中现场密码平行样比例不少于 5%。因此，为实现现场密码平行样，需对所采集的全部样品进行二次编码。

5.1.3.5 土壤空白样

《地块土壤和地下水中挥发性有机物采样技术导则》（HJ 1019—2019）要求，对于挥发性有机物，每批次土壤样品均应采集 1 个全程序空白样和 1 个运输空白样。

（1）全程序空白样

采样前在实验室将 5ml 或 10ml 甲醇放入 40ml 土壤样品瓶中密封，将其带到现场，与采样的样品瓶同时开盖和密封，随样品运回实验室，按与样品相同的分析步骤进行处理和测定，用于检查样品采集到分析全过程是否受到污染。

（2）运输空白样

采样前在实验室将 5ml 或 10ml 甲醇放入 40ml 土壤样品瓶中密封，将其带到现场；采样时使其瓶盖一直处于密封状态，随样品运回实验室；按与样品相同的分析步骤进行处理和测定，用于检查样品运输过程是否受到污染。

5.1.3.6 土壤样品采集拍照记录

《重点行业企业用地调查样品采集保存和流转技术规定（试行）》指出，土壤样品采集过程应针对采样工具、采集位置、VOCs 和 SVOCs 采样瓶土壤装样过程、样品瓶编号、盛放柱状样的岩芯箱、现场检测仪器使用等关键信息拍照记录，每个关键信息至少有 1 张照片。

5.1.3.7 样品标签

《土壤样品采集技术规定》指出，现场必须填写和打印样品标签，且必须内外双标签，即一张放入样品袋（瓶）内，另一张扎在样品袋（瓶）外（表 5.1）。可以统一打印带有二维码的不干胶标签。若使用纸质样品标签，可将标签装入小自封袋中，再装入袋中，以避免因湿气导致字迹模糊。标签上应含有样品编号、地块编码、采集地点、经纬度、采样深度、土壤质地、检测项目、采样人员和采样日期等。记录人员必须逐项记录，并与记录表核对。

表 5.1 土壤样品标签

样品编码：	
地块编码：	采样地点：
东经：	北纬：
采样深度：	土壤质地：□沙土 □壤土 □黏土
检测项目：	
采样人员：	采样日期
备注	

5.1.3.8 其他要求

《重点行业企业用地调查样品采集保存和流转技术规定（试行）》指出，土壤采样过程中应做好人员安全和健康防护，佩戴安全帽和一次性的口罩、手套，严禁用手直接采集土样，使用后废弃的个人防护用品应统一收集处置；采样前后应对采样器进行除污和清洗，不同土壤样品采集应更换手套，避免交叉污染。

土壤采样时应进行现场记录，主要内容包括样品名称和编号、气象条件、采样时间、采样位置、采样深度、样品质地、样品的颜色和气味、现场检测结果及采样人员等。

5.1.4 地下水建井

地下水采样首先要建造监测井，监测井的类型包括单管监测井、从式监测井、巢式监测井、连续多通道监测井等。地下水监测井的质量，对于能否真实反映出地下水的质量，具有基础性的影响。建造合适的监测井，有助于采集代表性地下水样品。《重点行业企业用地调查样品采集保存和流转技术规定（试行）》指出，监测井的建设过程包括采样井设计、井管设计、滤水管设计、填料设计、地下水采样井建设等，所用的设备和材料应清洗除污，建设结束后需进行洗井。地下水水样采集过程需对监测井建设和地下水采样进行记录。

5.1.4.1 采样井设计

根据地下水采样目的，合理设计采样井结构（图 5.1），具体包括井管、滤水管、填料等。

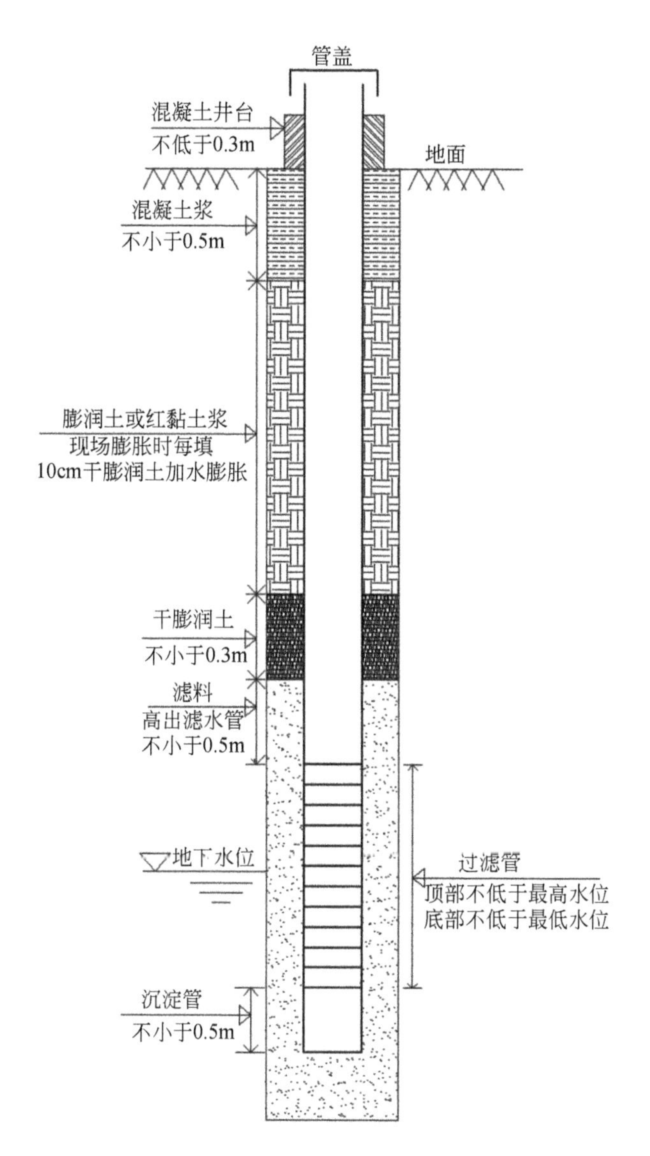

图 5.1　地下水采样井结构

5.1.4.2　井管设计

(1) 井管型号选择

地下水采样井井管的内径要求不小于 50mm。考虑到井管内径过大会导致地下水紊流，容易使土壤颗粒进入地下水中，故应在满足洗井和样品采集要求的前提下，尽量选择小口径井管。

(2) 井管材质选择

地下水采样井井管应选择坚固、耐腐蚀、不会对地下水水质造成污染的材料制成。当地下水检测项目为有机物或地下水需要长期监测时，宜选择不锈钢材质井管；当检测项目为无机物或地下水的腐蚀性较强时，宜选择聚氯乙烯（PVC）材质管件，井管材质选择具体参照表 5.2。

表 5.2　井管材质选择要求

地下水中污染物	第一选择	第二选择	禁用材质
金属	聚四氟乙烯（PTFE）	优先序：丙烯腈-苯乙烯-丁二烯共聚物（ABS）>硬聚氯乙烯（UPVC）>PVC	304 和 316 不锈钢
有机物	304 和 316 不锈钢	优先序：PTFE>ABS>UPVC>PVC	无
金属和有机物	无	优先序：PTFE>ABS>UPVC>PVC	304 和 316 不锈钢

（3）井管连接

井管连接可采用螺纹或卡扣进行连接，应避免使用黏合剂，并避免连接处发生渗漏。井管连接后，各井管轴心线应保持一致。

5.1.4.3　滤水管设计

滤水管的型号、材质等应与井管匹配，具体设计要求包括以下几个方面。

（1）滤水管长度

为了避免钻穿含水层底板，地下水水位以下的滤水管长度不宜超过 3 m，地下水水位以上的滤水管长度根据地下水水位动态变化确定。

（2）滤水管位置

滤水管应置于拟取样含水层中，以取得代表性水样。若地下水中可能或已经发现存在低密度非水相液体（LNAPL），滤水管位置应达到潜水面处；若地下水中可能或已经发现存在高密度非水相液体（DNAPL），滤水管应达到潜水层的底部，但应避免穿透隔水层。

（3）滤水管类型

滤水管宜选用缝宽 0.2～0.5mm 的割缝筛管或孔隙能够阻挡 90% 的滤层材料的滤水管，割缝筛管具体选择依据见表 5.3。滤水管钻孔直径不超过 5mm，钻孔之间距离在10～20mm，滤水管外以细铁丝包裹和固定 2～3 层的 40 目钢丝网或尼龙网。

表 5.3　割缝筛管选择要求

割缝筛管类型	含水层类型		
	均匀的中粗砂	非均匀的	
		中砂	粗砂
包网割缝筛管	δ=（1.5～2）d50	δ=d40-d50	δ=d30-d40
缠丝割缝筛管或其他割缝筛管	δ=（1～1.5）d50		

注：δ 为滤缝宽度；d30、d40、d50 分别为含水层试样在筛分时能通过筛眼的颗粒累计重量占试样全重分别为 30%、40%、50% 时的筛眼直径。

（4）沉淀管的长度

沉淀管的长度一般为50cm。若含水层厚度超过3m，地下水采样井原则上可以不设沉淀管，但滤水管底部必须用管堵密封。

5.1.4.4 填料设计

地下水采样井填料从下至上依次为滤料层、止水层、回填层。

（1）滤料层

滤料层应从沉淀管（或管堵）底部一定距离到滤水管顶部以上50cm。滤料层超出部分可容许在成井、洗井的过程中有少量的细颗粒土壤进入滤料层。

滤料层材料宜选择球度与圆度好、无污染的石英砂，使用前应经过筛选和清洗，避免影响地下水水质。滤料的粒径根据目标含水层土壤的粒度确定，一般以1～2mm粒径为宜，具体可参照表5.4。

表5.4 滤料直径的选择

含水层类型	砂土类含水层	碎石土类含水层	
	$\eta1<10$	d20<2 mm	d20≥2 mm
滤料的尺寸（D）	D50＝（6～8）d50mm	D50＝（6～8）d20mm	D＝10～20 mm
滤料的η2要求	$\eta2<10$		

注：①表中η1和η2分别为含水层和滤料的不均匀系数。即η1＝d60/d10；η2＝D60/D10。②d10，d20，d50，d60和D10，D50，D60分别为含水层试样和滤料试样在筛分时能通过筛眼的颗粒累计重量占筛样全重依次为10%，20%，50%，60%时的筛眼直径。

（2）止水层

止水层主要用于防止滤料层以上的外来水通过滤料层进入井内。止水部位应根据钻孔含水层的分布情况确定，一般选择在隔水层或弱透水层处。

止水层的填充高度应达到滤料层以上50cm。为了保证止水效果，建议选用直径20～40mm球状膨润土分两段进行填充，第一段从滤料层往上填充不小30cm的干膨润土，然后采用加水膨润土或膨润土浆继续填充至距离地面50cm处。

（3）回填层

回填层位于止水层之上至采样井顶部，宜根据场地条件选择合适的回填材料。优先选用膨润土作为回填材料，当地下水含有可能导致膨润土水化不良的成分时，宜选择混凝土浆作为回填材料。使用混凝土浆作为回填材料时，为延缓固化时间，可在混凝土浆中添加5%～10%的膨润土。

5.1.4.5 地下水采样井建设

采样井建设过程包括钻孔、下管、滤料填充、密封止水、井台构筑（长期监测井需要）、成井洗井、封井等步骤。

（1）钻孔

钻孔直径应至少大于井管直径50mm。

（2）下管

下管前应校正孔深，按先后次序将井管逐根丈量、排列、编号、试扣，确保下管深度和滤水管安装位置准确无误。

井管下放速度不宜太快，中途遇阻时可适当上下提动和转动井管，必要时应将井管提出，清除孔内障碍后再下管。下管完成后，将其扶正、固定，井管应与钻孔轴心重合。

（3）滤料填充

将滤料缓慢填充至管壁与孔壁中的环形空隙内，应沿着井管四周均匀填充，避免从单一方位填入，一边填充一边晃动井管，防止滤料填充时形成架桥或卡锁现象。滤料填充过程应进行测量，确保滤料填充至设计高度。

（4）密封止水

密封止水应从滤料层往上填充，直至距离地面50cm。若采用膨润土球作为止水材料，每填充10cm需向钻孔中均匀注入少量的清洁水，填充过程中应进行测量，确保止水材料填充至设计高度，静置待膨润土充分膨胀、水化和凝结（具体根据膨润土供应厂商建议时间调整），然后回填混凝土浆层。

（5）井台构筑

若地下水采样井需建成长期监测井，则应设置保护性的井台构筑。井台构筑通常分为明显式和隐藏式井台，隐藏式井台与地面齐平，适用于路面等特殊位置。在产企业地下水采样井应建成长期监测井。

明显式井台地上部分井管长度应保留30～50cm，井口用与井管同材质的管帽封堵，地上部分的井管应采用管套保护（管套应选择强度较大且不宜损坏材质），管套与井管之间注混凝土浆固定，井台高度应不小于30cm。

井台应设置标示牌，需注明采样井编号、负责人、联系方式等信息。

（6）成井洗井

地下水采样井建成至少24h后（待井内的填料得到充分养护、稳定后），才能进行洗井。成井洗井达标直观判断水质基本上达到水清砂净（即基本透明无色、无沉砂），同时监测pH、电导率、浊度、水温等参数值达到稳定（连续三次监测数值浮动在±10%以内）；或依据《重点行业企业用地土壤污染状况调查样品采集保存和流转质量控制工作手册（试行）》，满足出水体积达到3倍以上井水体积（含滤料孔隙体积）；或浊度小于50NTU。避免使用大流量抽水或高气压气提的洗井设备，以免损坏滤水管和滤料层。洗井过程要防止交叉污染，贝勒管洗井时应一井一管，气囊泵、潜水泵在洗井前要清洗泵体和管线，清洗废水要收集处置。

井水体积计算公式如下：

$$V=\left(\frac{\pi}{4}\times d_c^2\right)\times h+\left(\frac{\pi}{4}\times d_b^2-\frac{\pi}{4}\times d_c^2\right)\times h\times\theta$$

式中，V为井水体积（ml）；d_c为井管直径（cm）；h为井管中的水深（cm）；d_b为钻孔直径（cm）；θ为填料的孔隙度。

(7) 成井记录单

成井后测量记录点位坐标及管口高程，填写成井记录单（附表5.2）、地下水采样井洗井记录单（附表5.3）；

成井过程中对井管处理（滤水管钻孔或割缝、包网处理、井管连接等）、滤料填充和止水材料、洗井作业和洗井合格出水、井台构筑（含井牌）等关键环节或信息应拍照记录，每个环节不少于1张照片。

(8) 封井

采样完成后，非长期监测的采样井应进行封井。封井应从井底至地面下50cm全部用直径为20~40mm的优质无污染的膨润土球封堵。

膨润土球一般采用提拉式填充，将直径小于井内径的硬质细管提前下入井中（根据现场情况尽量选择小直径细管），向细管与井壁的环形空间填充一定量的膨润土球，然后缓慢向上提管，反复抽提防止井下搭桥，确保膨润土球全部落入井中，再进行下一批次膨润土球的填充。

全部膨润土球填充完成后应静置24h，测量膨润土填充高度，判断是否达到预定封井高度，并于7天后再次检查封井情况，如发现塌陷应立即补填，直至符合规定要求。将井管高于地面部分进行切割，按照膨润土球填充的操作规程，从膨润土封层向上至地面注入混凝土浆进行封固。

5.1.5 地下水洗井与采水

《重点行业企业用地调查样品采集保存和流转技术规定（试行）》指出，地下水采样过程包括采样前洗井和地下水样品采集，各环节均有明确的技术要求。

5.1.5.1 采样前洗井

采样前洗井要求如下：

1）采样前洗井应至少在成井洗井24h后开始。

2）《重点行业企业用地土壤污染状况调查样品采集保存和流转质量控制工作手册（试行）》指出，采样前洗井不得使用反冲、气洗的方式，应避免对井内水体产生气提、气曝等扰动。《地块土壤和地下水中挥发性有机物采样技术导则》（HJ 1019—2019）指出，测试项目中有挥发性有机物时，应适当减缓流速，避免冲击产生气泡，一般不超过0.1L/min。

若选用气囊泵或低流量潜水泵，泵体进水口应置于水面下1.0m左右，需要适当调低气囊泵或低流量潜水泵的洗井流速。

若采用贝勒管进行洗井，贝勒管汲水位置为井管底部，应控制贝勒管缓慢下降和上升，原则上洗井水体积应达到3~5倍滞水体积。

3）洗井前对pH计、溶解氧仪、电导率和氧化还原电位仪等检测仪器进行现场校正，校正结果填入“地下水采样井洗井记录单”（附表5.3）。

开始洗井时，以小流量抽水，记录抽水开始时间，同时洗井过程中每隔5分钟读取并记录pH、温度（T）、电导率、溶解氧（DO）、氧化还原电位（ORP）及浊度，连续三次采样达到以下要求结束洗井：①pH变化范围为±0.1；②温度变化范围为±0.5℃；③电导率变化范围为±3%；④DO变化范围为±10%，当DO<2.0mg/L时，其变化范围为±0.2mg/L；⑤ORP变化范围±10mV；⑥10NTU<浊度<50NTU时，其变化范围应在±10%以内；浊度<10NTU时，其变化范围为±1.0NTU；若含水层处于粉土或黏土地层时，连续多次洗井后的浊度≥50NTU时，要求连续三次测量浊度变化值小于5NTU。

4）若现场测试参数无法满足3）中的要求，或不具备现场测试仪器的，则洗井水体积达到3~5倍采样井内水体积后即可进行采样。

5）采样前洗井过程填写“地下水采样井洗井记录单”（附表5.3）。

6）采样前洗井过程中产生的废水，应统一收集处置。

5.1.5.2 地下水样品采集

地下水样品采集要求如下：

1）采样洗井达到要求后，测量并记录水位（附表5.4），若地下水水位变化小于10cm，则可以立即采样；若地下水水位变化超过10cm，应待地下水位再次稳定后采样。若地下水回补速度较慢，原则上应在洗井后2h内完成地下水采样。若无法在洗井后2h内完成地下水采样的，采用低渗透性含水层采样方法进行采样。①当地下水面位于筛管上端以上时，应将潜水泵置于筛管下端，缓慢抽出井内积水，当水位降至筛管上端时，尽快完成采样。②《地块土壤和地下水中挥发性有机物采样技术导则》（HJ 1019—2019）指出，当地下水面位于筛管之间时，应将井内积水抽干，在2h之后且水量恢复至满足采样要求时，尽快完成采样。

若洗井过程中发现水面有浮油类物质，需要在采样记录单里明确注明（附表5.4）。

2）地下水样品采集应先采集用于检测VOCs的水样，然后再采集用于检测其他水质指标的水样。

对于未添加保护剂的样品瓶，地下水采样前需用待采集水样润洗2~3次。

《地块土壤和地下水中挥发性有机物采样技术导则》（HJ 1019—2019）指出，采集检测VOCs的水样时，优先采用气囊泵或低流量潜水泵，控制采样水流速度在0.1~0.5L/min，水位降深不超过10cm。使用低流量潜水泵采样时，应将采样管出水口靠近样品瓶中下部，使水样沿瓶壁缓缓流入瓶中，过程中避免出水口接触液面，直至在瓶口形成一向上弯月面，旋紧瓶盖，避免采样瓶中存在顶空和气泡。

使用贝勒管进行地下水样品采集时，应缓慢沉降或提升贝勒管。取出后，通过调节贝勒管下端出水阀或低流量控制器，使水样沿瓶壁缓缓流入瓶中，直至在瓶口形成一向上弯月面，旋紧瓶盖，避免采样瓶中存在顶空和气泡。

地下水装入样品瓶后，记录样品编码、采样日期和采样人员等信息，贴到样品瓶上。

地下水采集完成后，样品瓶应用泡沫塑料袋包裹，并立即放入现场装有冷冻蓝冰的样品箱内保存。

3）使用非一次性的地下水采样设备，在采样前后需对采样设备进行清洗，清洗过程中产生的废水，应集中收集处置。采用柴油发电机为地下水采集设备提供动力时，应将柴油机放置于采样井下风向较远的位置。

4）地下水平行样。凡样品均匀能做平行双样的分析项目，每批样品分析时均须做10%平行样品；样品数较小时，每批应至少做一份样品的平行双样。《地下水环境监测技术规范》（HJ 164—2020）指出，每个地块至少采集1份平行样。每份平行样品采集2个，送检测实验室进行分析测试；同时，根据项目需求，可同时采集第3个平行样品送另一检测实验室进行比对分析测试。

若进行地下水平行样的比对分析实验，两家检测实验室的检测项目和检测方法应一致，在采样记录单中标注平行样编号及对应的样品编号。

5）地下水空白样。《地块土壤和地下水中挥发性有机物采样技术导则》（HJ 1019—2019）指出，每批次地下水样品均应采集1个全程序空白样。采样前在实验室将二次蒸馏水或通过纯水设备制备的水作为空白试剂水放入地下水样品瓶中密封，将其带到现场。与采样的样品瓶同时开盖和密封，随样品运回实验室，按与样品相同的分析步骤进行处理和预定，用于检查样品采集到分析全过程是否受到污染。

每批次地下水样品均应采集1个运输空白样。采样前在实验室将二次蒸馏水或通过纯水设备制备的水作为空白试剂水放入地下水样品瓶中密封，将其带到现场。采样时使其瓶盖一直处于密封状态，随样品运回实验室。按与样品相同的分析步骤进行处理和测定。用于检查样品运输过程是否受到污染。

每批次地下水样品应采集1个设备空白样。采样前在实验室将二次蒸馏水或通过纯水设备制备的水作为空白试剂水带到现场，使用适量空白试剂水浸泡清洁后的采样设备、管线，尽快收集浸泡后的水样，放入地下水样品瓶中密封，随样品运回实验室。按与样品相同的分析步骤进行处理和测定，用于检查采样设备是否受到污染。设备空白样一般应在完成潜在污染较重的监测井地下水采样之后采集。

6）地下水采样过程中应做好人员安全和健康防护，佩戴安全帽和一次性的个人防护用品（口罩、手套等），废弃的个人防护用品等垃圾应集中收集处置。

7）地下水样品采集拍照记录。地下水样品采集过程应对洗井、装样（用于 VOCs、SVOCs、重金属和地下水水质监测的样品瓶）及采样过程中现场快速监测等环节进行拍照记录，每个环节至少 1 张照片。

5.2 质量控制的技术要点

《重点行业企业用地土壤污染状况调查样品采集保存和流转质量控制工作手册（试行)》指出，样品采集阶段的质量控制主要通过工作准备和质量检查得以实施。工作准备主要包括：①组建审核人员队伍，明确审核人员分工，组织审核人员参加技术文件学习和现场实操培训。②加强交流，统一质量控制尺度。③制定审核工作计划，综合考虑任务量、工作时限及审核人员数量，确保切实可行。质量检查包括对采样准备、土孔钻探、地下水采样井建设、土壤样品采集与保存、地下水样品采集与保存、样品运送与接收等全环节实际操作技术符合性的质量检查。

5.2.1 采样准备质量检查

采样准备质量检查主要是检查布点方案，检查要点包括：①布点方案通过评审，采样点进行过现场确认；②布点方案满足技术规定的要求，布点区域筛选依据充分合理；③布点位置确定依据基本合理，监测指标无明显遗漏。

5.2.2 土孔钻探质量检查

5.2.2.1 采样点数量和位置

采样点位置的质量控制需审核其是否与布点方案一致，对照现场实际情况，检查采样点数量、位置及前期点位标记信息，如存在位置调整，检查调整原因和调整后位置依据是否合理。

采样点位置需查明地下罐槽、管线、集水井和检查井等地下情况，使用物探设备初步探明地下管线情况；若地下情况不明，可选用手工钻探或物探设备探明地下情况，现场确定最终点位位置。

因绿化带土壤多为外来土壤，不能真实反映土壤的污染情况。因此，不建议在靠近疑似污染源的绿化带上布点。

5.2.2.2 土孔钻探

土孔钻探过程的质量检查，应审核是否满足以下三点：①应使用非扰动钻探设备；

②钻孔深度应与布点方案的要求一致；③岩芯应在整个钻探深度内保持基本完整、连续，可支撑土层性质、污染情况（颜色、气味、性状）辨识及现场快速检测筛选。

5.2.2.3　交叉污染防控

为防止产生交叉污染，应确保钻探过程满足以下方面的技术要求：①使用无浆液钻进方式；②钻探过程中应全程套管跟进，防止钻孔坍塌；③不同采样点间应清洗钻头、钻杆、套管及采样管（与样品无直接接触或使用一次性的除外）等。

5.2.3　地下水采样井建设质量检查

5.2.3.1　采样井建设

采样井建设的检查要点包括：滤水管位置、滤料层及止水层设置是否满足布点方案及技术规定的要求（详见5.1.4节）。

5.2.3.2　成井洗井

成井洗井要求出水体积应达到3倍以上井水体积（含滤料孔隙体积）或水清砂净且参数稳定或浊度小于50。对照现场情况，检查洗井出水体积或参数测定值或浊度测定值。

5.2.3.3　交叉污染防控

土壤及地下水样品在采集过程中，应注意操作过程、采样工具、盛装容器等是否会对其产生交叉污染，建立防沾污措施。例如，金属制品的采样工具与测试项目为金属类的待测样品，需采集剔除与金属接触表面后的样品；不同样品之间的采样工具需要清洗或更换等。检查交叉污染防控情况，是否清洗了设备和管线；检查建井所用井管、滤料及止水材料有无污染情况；检查洗井前，应充分清洗洗井设备和管线；检查贝勒管使用情况，应一井配一管。

5.2.4　土壤样品采集与保存质量检查

土壤样品的采集质量检查，需满足技术要点的相关要求，包括采集深度、土壤采样器材、挥发性有机污染物（VOCs）样品采集、样品保存条件、样品检查等是否满足相关技术规定要求。

5.2.4.1　采集深度

1）对于重点行业企业用地，每个采样点至少在3个深度采集土壤样品，若地下水埋深小于3m，至少采集2个样品。

2）对于其他建设用地，采样间隔不超过2m。原则上，每个土壤点位至少采集3个样品，土壤的采样要求如下：①表层土壤。去除地表硬化层后，土壤表层0.5m以内至少采集1个样品。②下层土壤。不同性质土层应至少采集1个样品；同一性质土层厚度较大（2m以上）或出现明显污染痕迹时，根据实际情况在该层位增加送检样品数量。建议采用现场快速检测设备筛选污染物含量最高的位置进行采样。③饱和带土壤。至少采集1个土壤样品，如饱和带土壤存在明显污染痕迹，应适当增加送检样品数量。

3）每一深度样品，应在通过颜色、性状等现场辨识出的存在污染痕迹或现场快速检测筛选出的污染相对较重的位置进行取样。

4）检查是否采集了足够数量的土壤样品，土壤样品采集深度是否经过现场辨识或现场快速检查筛选。

5.2.4.2 土壤采样器材

《土壤样品采集技术规定》指出，不锈钢专用采样器适用于采集有机类（除VOCs外）及无机非金属类土壤样品，非扰动采样器适用于采集VOCs样品，木铲、竹铲等适用于采集金属类土壤样品。为避免交叉污染，禁止使用金属采样器采集金属类样品；若必须使用金属采样器的，应将与金属采样器接触的土壤弃去，如用木铲去掉铁铲接触面土壤。

5.2.4.3 挥发性有机污染物（VOCs）样品采集

挥发性有机污染物（VOCs）样品采集要求如下：①使用非扰动采样器采集；②样品采集后应置入加有甲醇保存剂（有依据表明样品属于低浓度VOCs污染的除外）的样品瓶中；③检查样品采集方式，检查样品瓶内保存剂添加情况。

5.2.4.4 样品保存条件

样品保存条件要求如下：①样品保存箱应具有保温功能，并内置冰冻蓝冰（或其他蓄冷剂）；②样品采集后应立即存放至保存箱内；③质量检查过程应填写“样品保存检查记录单”（附表5.5）。

5.2.4.5 样品检查

样品检查要求如下：①检查样品标签填写的完整、清晰性；②已采集样品应与“样品保存检查记录单”（附表5.5）一致并满足布点方案要求；③样品重量或体积满足检测要求。

5.2.5 地下水样品采集与保存质量检查

5.2.5.1 采样前洗井

采样前洗井要求如下：①成井洗井结束至少24小时后方可进行采样前洗井；②洗井不得使用反冲、气洗的方式；③洗井出水体积应达到3~5倍井水体积（含滤料孔隙体积）或现场测试参数满足技术规定要求。对于低渗透性地块难以完成洗井出水体积要求的，按照《地块土壤和地下水中挥发性有机物采样技术导则》（HJ 1019—2019）中"低渗透性含水层采样方法"要求执行：当地下水面位于筛管上端以上时，将潜水泵置于筛管下端，缓慢抽出井内积水，当水位降至筛管上端时，尽快完成采样；当地下水面位于筛管之间时，应将井内积水抽干，在2小时之后且水量恢复至满足采样要求时，尽快完成采样。

5.2.5.2 交叉污染防控

地下水样品交叉污染防控要求同5.2.3.3节。

5.2.5.3 地下水采样器材

《地下水环境监测技术规范》（HJ 164—2020）中指出，地下水采样器材主要是指地下水采样器和水样容器。

（1）采样器

地下水水质采样器分为自动式和人工式两类，自动式用电动泵进行采样，如流量泵；人工式可分活塞式与隔膜式，可按要求选用，如常用的贝勒管。

地下水水质采样器应能在监测井中准确定位，并能取到足够量的代表性水。

（2）水样容器的选择及清洗

水样容器的选择原则如下：①容器不能引起新的玷污；②容器壁不应吸收或吸附某些待测组分；③容器不应与待测组分发生反应；④能严密封口，且易于开启；⑤容易清洗，并可反复使用。

水样容器选择、洗涤方法见表5.4。表5.4中所列洗涤方法指对在用容器的一般洗涤方法。如果是新启用的容器，则应做更充分的清洗，水样容器应做到定点、定项。

5.2.5.4 VOCs样品采集

VOCs样品采集要求如下：①样品采集应优先使用气囊泵、蠕动泵等低流量采样设备，条件不具备时可使用具有低流量调节阀的贝勒管；②样品采集时，出水流速不超过

0.5L/min；③用于 VOCs 检测的样品瓶不存在顶空或气泡。

5.2.5.5 样品保存条件

样品保存条件要求如下：①用于检测 VOCs 的样品保存箱应具有保温功能，并内置冰冻蓝冰（或其他蓄冷剂），样品采集后应立即存放至保存箱内。②用于其他指标检测的样品应按要求添加相应的保存剂，并按要求保存。③地下水样品保存、容器的洗涤和采样体积等的质量控制技术要求详见表 5.5。质量检查过程应填写“样品保存检查记录单”（附表 5.5）。

表 5.5 水样保存、容器的洗涤和采样体积

项目名称	采样容器	保存剂和用量	保存期限	采样量(ml)	容器洗涤
色*	G，P		12h	250	Ⅰ
臭和味*	G		6h	200	Ⅰ
浑浊度*	G，P		12h	250	Ⅰ
肉眼可见物*	G		12h	200	Ⅰ
pH*	G，P		12h	200	Ⅰ
总硬度**	G，P		24h	250	Ⅰ
		加 HNO_3, pH<2	30d		
溶解性总固体**	G，P		24h	250	Ⅰ
总矿化度**	G，P		24h	250	Ⅰ
硫酸盐**	G，P		30d	250	Ⅰ
氯化物**	G，P		30d	250	Ⅰ
磷酸盐**	G，P		24h	250	Ⅳ
游离二氧化碳**	G，P		24h	500	Ⅰ
碳酸氢盐**	G，P	HNO_3，1L，水样中加浓 HNO_3 10ml	24h	500	Ⅰ
钾	P	HNO_3，1L 水样中加浓 HNO_3 10ml	14d	250	Ⅱ
钠	P	HNO_3，1L 水样中加浓 HNO_3 10ml	14d	250	Ⅱ
铁	G，P	HNO_3，1L 水样中加浓 HNO_3 10ml	14d	250	Ⅲ
锰	G，P	HNO_3，1L 水样中加浓 HNO_3 10ml	14d	250	Ⅲ
铜	P	HNO_3，1L 水样中加浓 HNO_3 10ml②	14d	250	Ⅲ
锌	P	HNO_3，1L 水样中加浓 HNO_3 10ml②	14d	250	Ⅲ
钼	P	加 HNO_3, pH<2	14d	250	Ⅲ
钴	P	加 HNO_3, pH<2	14d	250	Ⅲ
挥发性酚类**	G	用 H_3PO_4 调至 pH=2，用 0.01～0.02g 抗坏血酸除去余氯	24h	1000	Ⅰ
阴离子表面活性剂**	G，P		24h	250	Ⅳ
高锰酸盐指数**	G		2d	500	Ⅰ

续表

项目名称	采样容器	保存剂和用量	保存期限	采样量(ml)	容器洗涤
溶解氧**	溶解氧瓶	加入硫酸锰、碱性碘化钾溶液，现场固定	24h	250	Ⅰ
化学需氧量	G	H_2SO_4，pH<2	2d	500	Ⅰ
五日生化需氧量**	溶解氧瓶	0～4℃避光保存	12h	1000	Ⅰ
硝酸盐氮**	G，P		24h	250	Ⅰ
亚硝酸盐氮**	G，P		24h	250	Ⅰ
氨氮	G，P	H_2SO_4，pH<2	24h	250	Ⅰ
氟化物**	P		14d	250	Ⅰ
碘化物**	G，P		24h	250	Ⅰ
溴化物**	G，P		14h	250	Ⅰ
总氰化物	G，P	NaOH，pH>9	12h	250	Ⅰ
汞	G，P	HCl，1%；如水样为中性，1L水样中加浓HC 12ml	14d	250	Ⅲ
砷	G，P	H_2SO_4，pH<2	14d	250	Ⅰ
硒	G，P	HCl，1L水样中加浓HC 110ml	14d	250	Ⅲ
镉	G，P	HNO_3，1L水样中加浓HNO_3 10ml②	14d	250	Ⅲ
六价铬	G，P	NaOH，pH=8～9	24h	250	Ⅲ
铅	G，P	HNO_3，1L水样中加浓HNO_3 10ml②	14d	250	Ⅲ
铍	G，P	HNO_3，1L水样中加浓HNO_3 10ml	14d	250	Ⅲ
钡	G，P	HNO_3，1L水样中加浓HNO_3 10ml	14d	250	Ⅲ
镍	G，P	HNO_3，1L水样中加浓HNO_3 10ml	14d	250	Ⅲ
石油类	G	加入HCl至pH<2	7d	500	Ⅱ
硫化物	G，P	1L水样中加NaOH至pH=9，加入5%抗坏血酸5ml，饱和EDTA 3ml，滴加饱和Zn（Ac）$_2$至胶体产生，常温避光	24h	250	Ⅰ
滴滴涕**	G		24h	1000	Ⅰ
六六六**	G		24h	1000	Ⅰ
有机磷农药**	G		24h	1000	Ⅰ
总大肠菌群**	G（灭菌）	水样中如有余氯应在采样瓶消毒前按每125ml水样加0.1ml 100g/L硫代硫酸钠，以消除氯对细菌的抑制作用	6h	150	Ⅰ
细菌总数**	G（灭菌）	4℃保存	6h	150	Ⅰ
总α放射性	P	加HNO_3，pH<2	5d	5000	Ⅰ
总β放射性					

续表

项目名称	采样容器	保存剂和用量	保存期限	采样量(ml)	容器洗涤
苯系物**	G	用1+10HCl调至pH≤2，加入0.01～0.02g抗坏血酸除去余氯	12h	1000	Ⅰ
烃类**	G		12h	1000	Ⅰ
醛类**	G	加入0.2～0.5g/Lg硫代硫酸钠除去余氯	24h	250	Ⅰ

*表示应尽量现场测定；**表示低温（0～4℃）避光保存。G为硬质玻璃瓶；P为聚乙烯瓶（桶）。①为单项样品的最少采样量；②如用溶出伏安法测定，可改用1L水样中加19ml浓$HClO_4$。Ⅰ、Ⅱ、Ⅲ、Ⅳ分别表示四种洗涤方法：Ⅰ为洗涤剂洗1次，自来水洗3次，蒸馏水洗1次；Ⅱ为洗涤剂洗1次，自来水洗2次，1+3HNO_3荡洗1次，自来水洗3次，蒸馏水洗1次；Ⅲ为洗涤剂洗1次，自来水洗2次，1+3HNO_3荡洗1次，自来水洗3次，去离子水洗1次；Ⅳ为铬酸洗液洗1次，自来水洗3次，蒸馏水洗1次。经160℃干热灭菌2h的微生物采样容器，必须在两周内使用，否则应重新灭菌。经121℃高压蒸气灭菌15min的采样容器，如不立即使用，应于60℃将瓶内冷凝水烘干，两周内使用。细菌监测项目采样时不能用水样冲洗采样容器，不能采混合水样，应单独采样后2h内送实验室分析。

5.2.6 样品运送与接收质量检查

样品运送与接收质量检查要求如下：①时效性。检查时，应满足相应检测指标的测试周期要求。②保存条件。样品保存条件（包括温度、气泡及保护剂等）应满足全部送检样品要求。③样品包装容器。样品包装容器应无破损，封装完好。④标签。样品包装容器标签应完整、清晰、可辨识，标签上的样品编码应与运送单完全一致。⑤“样品运送单”（附表5.6）中除“特别说明”和“样品接收”外均应填写完整、规范，且与实际情况一致。

5.3 质量控制的管理实施

5.3.1 采样人员管理

王益群认为，现场工作人员的专业能力和职业素养高低，制约着样品采集工作整体水平，作为全过程质量管理的重要内容，加强工作人员专业培训和考核尤为必要。样品采集工作中，要明确工作目标，整合现有资源，结合实际工作需要引导工作人员进行专业培训，明确不同人员的岗位要求和特性，各小组、部门协调沟通，避免矛盾冲突出现。同时，不断提高工作人员的专业知识储备和使用现代化信息技术工作手段的能力，才能保持高效的工作效率，降低工作的误差，为后续的样品分析测试提供支持[24]。

《土壤样品采集技术规定》指出，采样人员经过技术培训，应能正确使用采样工具，掌握采样质量要求，了解布点原则，清楚土壤样品的采样深度、采样方式、样品重量、样品编码规则和样品保存条件，正确使用定位仪，持证上岗，且实行专项任务专人负责制。

每个采样小组至少三人。采样人员组织安排如表5.6所示。

表 5.6　采样人员组织安排表

工作组	组员/姓名		工作内容
采样组	组长	* * *	1）现场确认采样位置（包括点位和采样层），审查该小组的现场操作及记录，确保无误后方可交接样品 2）现场拍照
	组员 1	* * *	1）现场采样 2）现场样品核对及样品保存审查
	组员 2	* * *	1）标签打印，耗材准备 2）现场采样原始记录填写

5.3.2　仪器设备管理

样品采集过程中，涉及多种用于现场样品采集筛选的检测仪器和设备，这些仪器的精确度和灵敏度对样品采集的质量同样具有很大的影响，针对这一部分仪器设备的管理同样对样品采集的质量具有积极的影响。

黄艳明认为，现场测定仪器设备的管理，主要分为三个方面[25]。

一是精确度调查。采样人员首先对设备外观进行观察，看有无破损情况；然后检查内部重要原件，看是否受到运输的影响；最后进行整体性能测试，确保测试精确度满足规范要求，将仪器误差控制在允许范围内。

二是维护检修。结合仪器设备的使用情况，编制科学的维护检修方案，落实质量负责制，避免设备带病运行。和信息技术化、自动化控制技术相结合，了解仪器设备的运行状态，针对故障隐患及时报警，提示工作人员及时检修，保证设备运行的连续性、可靠性。

三是及时更新换代。仪器设备的使用，应该紧随科学技术的发展步伐，使用新材料、新工艺、新设备。采样单位应分析市场发展需求，决定是否更换设备，明确设备的类型、规格、用途、性能要求。提高设备的性能质量，才能提高实际工作质量。

5.3.3　信息记录管理

样品采集过程中，采样人员需对采样过程中的各项信息进行记录，对关键操作步骤进行拍照记录。在实际工作中，采样记录的填写和关键步骤的拍照是较容易引入误差、产生工作失误的环节。因此，需加强对信息记录的管理。采样单位应针对信息记录的管理，制定专项管理机制。

目前，建设用地调查环境现场的信息记录大部分采用的是纸质记录手工填写的模式。手工填写记录的好处是采样人员能够完整清晰地描述采样现场的实际情况，同时对采样过程实现追踪、溯源，对后续的建设用地环境评估工作具有很大的意义。但是，手工填写也存在着一定的弊端。例如，手工填写的信息记录质量，完全取决于采样人员的专业能力和职业素养，这使得信息记录的质量存在了不确定性；同时，纸质的信息记录，易发生损坏、丢失等意外情况。因此，采样单位可结合纸质记录的同时，提高信息记录管理的科技化程度。

5.3.4 工作环境管理

建设用地环境调查中的样品采集工作均为室外工作，工作质量易受到外界环境影响，同时也易对周边环境造成影响，因此需对工作环境进行管理。调查人员到达场地后应首先与场地负责人进行沟通，对周边环境进行了解，划定工作区域，制定现场工作安排，减少工作过程中产生的噪声、废气、固体废弃物和废水对周边环境产生的影响。同时，使用现场测定设备对场地大气环境进行背景测定，了解大气环境背景值是否会对钻探出土的样品造成影响。

《建设用地土壤污染状况调查技术导则》（HJ 25.1—2019）指出，现场采样时，应避免采样设备及外部环境等因素污染样品，采取必要措施避免污染物在环境中扩散。

5.3.5 样品管理

吴芳认为，在建设用地环境调查过程中，调查样品会影响最终的检测结果和质量[26]。因此，要委派专业的技术人员按照样品保存的各项技术规范要求对样品进行保存。不同的环境样品都有不同的保存期限和保存温度要求，样品采集后，应尽快送交实验室进行分析测试，以避免保存时间超期，影响测定结果。样品运输过程中，应注意防止交叉污染，即不同项目的样品应尽量分别存放，分别运输，以免样品之间因泄露、挥发等因素造成交叉污染。另外，应建立完整的样品追踪管理程序，内容包括样品的保存、运输和交接等过程的书面记录和责任归属，防止样品标识的错位、丢失造成样品无法辨认，以及避免样品保存过期。样品交接中，应充分针对采样记录、采样任务书的要求核对分析项目、样品数量等信息，确保样品交接的顺利实施。

5.3.6 实施方式管理

采样质量保证通过资料检查和现场检查的方式，判断采样工作是否存在质量问题，并确定相应的问题处理方式。资料检查为事后检查，检查采样过程现场照片及采样记录等资料；现场检查为事中检查，检查采样工作的实际开展情况。质量控制检查过程应填写“采样质控检查记录表”（附表5.7）。

采样资料的质量控制通过采样工作完成后对采样资料的检查来实施，检查采样过程现场照片及采样记录等资料。

1）检查采样方案的内容及过程记录表是否完整。

2）采样点检查：采样点是否与布点方案一致。

3）土孔钻探方法检查：检查土壤钻孔采样记录单的完整性，通过记录单及现场照片判定钻探设备选择、钻探深度、钻探操作、钻探过程防止交叉污染，以及钻孔填充等是否满足相关质量控制技术要点的要求。

4）地下水（适用时，下同）采样井建井与洗井检查：检查建井、洗井记录的完整性，通过记录单及现场照片判定建井材料选择、成井过程、洗井方式等是否满足相关质量控制技术要点的要求。

5）土壤和地下水样品采集检查：检查土壤钻孔采样记录单、地下水采样记录单的完整性，通过记录单及现场照片判定样品采集位置、采集设备、采集深度、采集方式（非扰动采样等）是否满足相关质量控制技术要点的要求。

6）样品检查：检查样品重量和数量、样品标签、容器材质、保存条件、添加剂、防玷污措施等是否满足相关质量控制技术要点的要求。

7）检查密码平行样品等质量控制样品的采集、数量是否满足相关质量控制技术要点的要求。

5.3.7 质控机制管理

样品采集质量管理实行三级质量检查的质量控制机制：自审、内审和外审。

（1）自审

《重点行业企业用地调查质量保证与质量控制技术规定（试行）》指出，每个采样工作组应指定1名质量检查员，负责对本组采样工作质量进行自审。《广东省重点行业企业用地调查质保证与质量控制工作方案》（粤环函〔2018〕637号）要求在现场对土壤样品及相关记录100%自检，此工作一般由采样组组长担任。

（2）内审

《重点行业企业用地调查质量保证与质量控制技术规定（试行）》指出，采样单位应设置专门的质量检查组，负责对本单位承担的采样工作质量进行内审。《广东省重点行业企业用地调查质保证与质量控制工作方案》（粤环函〔2018〕637号）要求检查全部任务100%的现场采样工作及记录；内审员一般为独立职位，不兼任采样工作组其他职务。

（3）外审

《广东省重点行业企业用地调查质保证与质量控制工作方案》（粤环函〔2018〕637

号）要求，土壤环境监测任务主体责任单位委托第三方质量控制单位抽检现场采样工作及采样记录资料。

5.3.7.1 内部质量控制机制

《重点行业企业用地土壤污染状况调查样品采集保存和流转质量控制工作手册》指出，现场采样阶段内部质控包括自审和内审两级质量检查，主要有采样前准备质量检查、采样过程质量检查。通过资料检查和现场检查的方式，判断采样工作是否存在质量问题，确定相应的问题处理方式。

对所有采样点100%开展现场检查和资料检查。

采样单位应制定包括资料检查和现场检查在内的内部质量控制计划，内审现场检查与采样工作组同步进场，利用本单位第一个采样地块对内审人员进行现场实操培训；对全部采样点位开展全过程检查；内审资料检查重点检查资料的完整性、规范性、与实际情况的一致性，确保可支撑外审资料检查。

现场检查发现的质量问题应及时反馈，监督整改并做好问题整改记录，形成闭环。

地块全部采样点均通过内审现场检查和资料检查后方能允许采样工作组撤场。

采样单位应建立问题发现与督促整改的闭环工作制度，及时、准确地发现采样工作中是否存在严重质量问题，对存在严重质量问题的采样点位要求进行重新采样并监督整改，对存在的一般质量问题要求进行整改和复核。

5.3.7.2 外部质量控制机制

《重点行业企业用地土壤污染状况调查样品采集保存和流转质量控制工作手册》指出，土壤环境监测任务主体责任单位应委托第三方质量控制单位实施外部质量控制审核。采样阶段外部质量控制包括采样前准备外审、采样过程外审。通过资料检查和现场检查的方式，判断采样工作是否存在质量问题，确定相应的问题处理方式。

第三方质量控制单位应制定包括资料检查和现场检查在内的外部质量控制工作方案，现场外审检查与采样工作组同步进行，对采样点位开展全环节检查；资料外审检查为事后检查，重点检查资料的完整性、规范性、与实际情况的一致性。

现场检查发现的质量问题应及时反馈，监督整改并做好问题整改记录，形成闭环。

第三方质量控制单位建立问题发现与督促整改的闭环工作制度，及时、准确地发现采样工作中是否存在的严重质量问题，对发现的严重质量问题及时进行总结并向采样单位通报，对存在严重质量问题的采样点要求重新采样并监督整改，对存在严重质量问题的采样单位要加大了质量检查比例，要求采样单位对存在的一般质量问题进行整改和复核。

采样阶段质量控制流程如图5.2所示。

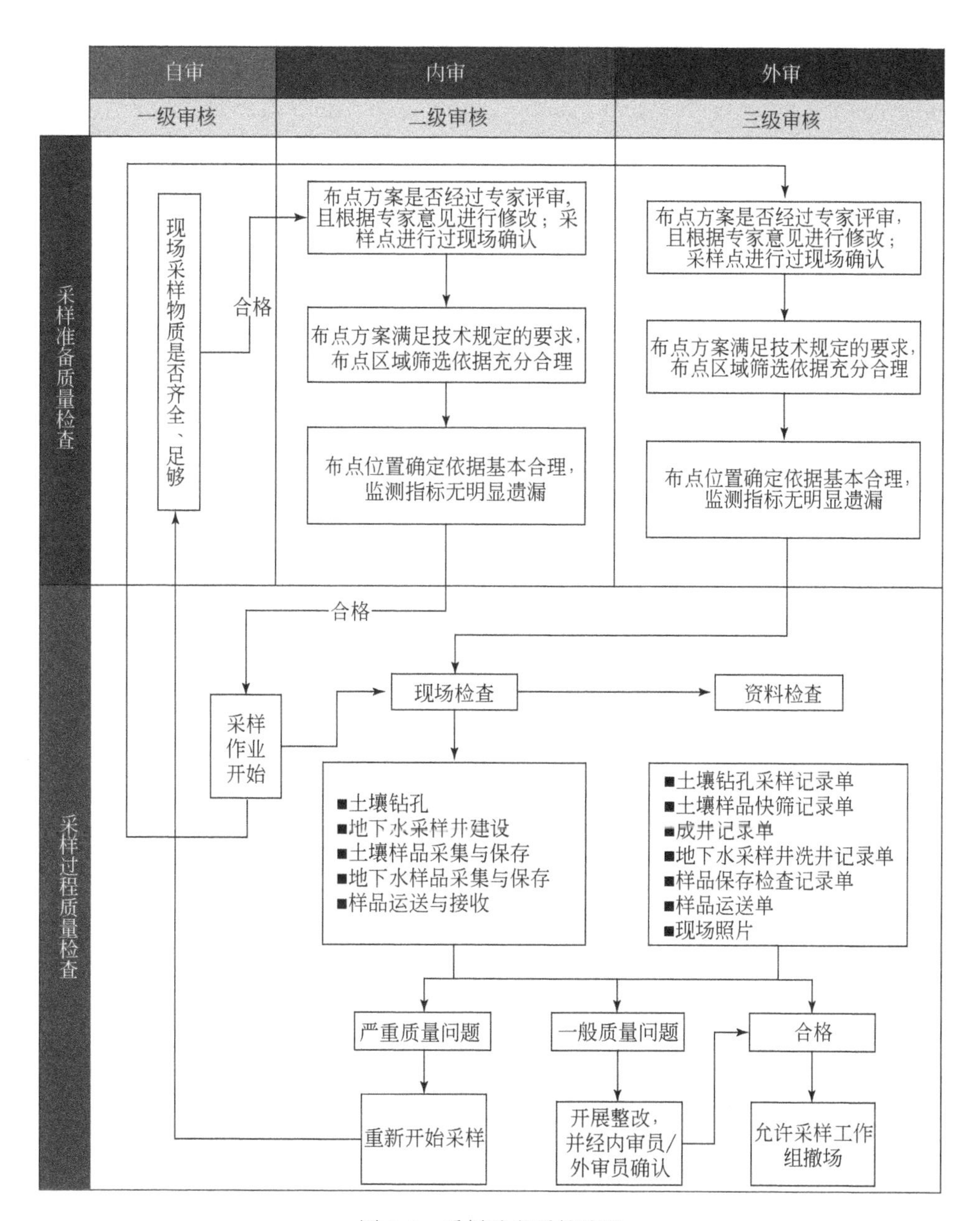

图 5.2　采样阶段质控流程

5.4　质量控制的结果处理

《重点行业企业用地土壤污染状况调查样品采集保存和流转质量控制工作手册》指出，质量检查时，每一环节存在任何一项检查项目的检查要点不满足要求，则判定该环节不合格；采样点任何一项检查环节不合格，即认为该采样点存在严重质量问题。严重质量问题外的其他质量问题，则为一般质量问题。

质量检查发现的问题，外审人员或内审人员应提出整改意见，并在“采样质控整改意见单”（附表5.8）中清晰描述，外审现场检查发现的严重质量问题还应通过照片或视频等影像文件记录。

对存在严重质量问题的采样点，质量检查人员应要求采样单位重新采样；采样单位整改完成后，应获得质量检查人员确认。

对存在严重质量问题的采样单位，质控单位应对该采样单位已完成地块的此类严重质量问题进行资料复查，后续加大对该单位的检查比例。

对存在一般质量问题的采样点，外审人员应提出整改要求，由采样单位内审人员进行整改确认，同时要求采样单位对已完成地块自行复查，对存在类似一般质量问题进行整改并复核。采样质量控制整改的须填写“采样质控整改回复单”（附表5.9）。

5.5 本章附录

附表5.1 土壤钻孔采样记录单

<table>
<tr><td colspan="4">地块名称：</td></tr>
<tr><td colspan="2">采样点编号：</td><td>天气：</td><td>温度（℃）：</td></tr>
<tr><td colspan="2">采样日期：</td><td>大气背景 PID 值：</td><td>自封袋 PID 值：</td></tr>
<tr><td>钻孔负责人：</td><td>钻孔深度（m）：</td><td colspan="2">钻孔直径：mm</td></tr>
<tr><td>钻孔方法：</td><td>钻机型号：</td><td colspan="2">坐标（E，N）：是否移位：□是□否</td></tr>
<tr><td>地面高程（m）：</td><td>孔口高程（m）：</td><td colspan="2">初见水位（m）：稳定水位（m）：</td></tr>
<tr><td colspan="2">PID 型号和最低检测限：</td><td colspan="2">XRF 型号和最低检测限：</td></tr>
<tr><td colspan="4">采样人员：</td></tr>
<tr><td colspan="2">工作组自审签字：</td><td colspan="2">采样单位内审签字：</td></tr>
</table>

续表

钻进深度（m）	变层深度（m）	地层描述	污染描述	土壤采样				
		土质分类、密度、湿度等	颜色、气味、污染痕迹、油状物等	采样深度（m）	样品编号	样品检测项（重金属/VOCs/SVOCs）	PID 读数（ppm）	XRF 读数
1				1				
2				2				
3				3				
4				4				
5				5				
6				6				
7				7				
8				8				
9				9				

注：①土质分类应按照《岩土工程勘察规范》（GB 50021—2001）中土的分类和鉴定进行识别。②若在产企业生产过程中可能产生 VOCs 污染，则土壤现场采样建议使用 PID 进行辅助判断；同时，每天采集一个大气背景 PID 值。③若在产企业生产过程中可能产生重金属污染，则土壤现场采样建议使用 XRF 进行辅助判断。

附表 5.2　成井记录单

采样井编号：　　　　　　　　　　　　　　　　　　　　　钻探深度（m）：

<table>
<tr><td>地块名称</td><td colspan="6"></td></tr>
<tr><td>周边情况</td><td colspan="6"></td></tr>
<tr><td>钻机类型</td><td colspan="2"></td><td>井管直径（mm）</td><td></td><td>井管材料</td><td></td></tr>
<tr><td>井管总长（m）</td><td colspan="2"></td><td>孔口距地面高度（m）</td><td></td><td>滤水管类型</td><td></td></tr>
<tr><td>滤水管长度（m）</td><td colspan="2"></td><td rowspan="2">建孔日期</td><td colspan="3" rowspan="2">自　　年　　月　　日 开始
至　　年　　月　　日 结束</td></tr>
<tr><td>沉淀管长度（m）</td><td colspan="2"></td></tr>
<tr><td rowspan="2">实管数量（根）</td><td colspan="2">3 m</td><td>2 m</td><td>1 m</td><td>0.5 m</td><td>0.3 m</td></tr>
<tr><td colspan="2"></td><td></td><td></td><td></td><td></td></tr>
<tr><td colspan="2">砾料起始深度</td><td colspan="5">m</td></tr>
<tr><td colspan="2">砾料终止深度</td><td colspan="5">m</td></tr>
<tr><td colspan="2">砾料（填充物）规格</td><td colspan="5"></td></tr>
<tr><td colspan="2">止水起始深度（m）</td><td colspan="2"></td><td>止水厚度（m）</td><td colspan="2"></td></tr>
<tr><td colspan="2">止水材料说明</td><td colspan="5"></td></tr>
<tr><td colspan="4">孔位略图</td><td>封孔厚度</td><td colspan="2"></td></tr>
<tr><td colspan="4" rowspan="6"></td><td>封孔材料</td><td colspan="2"></td></tr>
<tr><td>护台高度</td><td colspan="2"></td></tr>
<tr><td>钻探负责人</td><td colspan="2"></td></tr>
<tr><td>工作组组长</td><td colspan="2"></td></tr>
<tr><td>采样单位内审</td><td colspan="2"></td></tr>
<tr><td>日　　期</td><td colspan="2">年　　月　　日</td></tr>
</table>

附表 5.3　地下水采样井洗井记录单

基本信息	
地块名称：	
采样日期：	采样单位：
采样井编号：	采样井锁扣是否完整：是　　否
天气状况：	48 小时内是否强降雨：是　　否
采样点地面是否积水：是□否□	
洗井资料	
洗井设备/方式：	水位面至井口高度（m）：
井水深度（m）：	井水体积（L）：
洗井开始时间：	洗井结束时间：

pH 检测仪型号	电导率检测仪型号	溶解氧检测仪型号	氧化还原电位检测仪型号	浊度仪型号	温度检测仪型号

现场检测仪器校正
pH 校正，使用缓冲溶液后的确认值：________
电导率校正：1. 校正标准液：________________ 2. 标准液的电导率：________ μS/cm
溶解氧仪校正：满点校正读数________ mg/L，校正时温度________℃，校正值：________ mg/L
氧化还原电位校正，校正标准液：________，标准液的氧化还原电位值：__ mV
洗井过程记录

时间（min）	洗井汲水速率（L/min）	水面距井口高度（m）	洗井出水体积（L）	温度（℃）	pH	电导率（μS/cm）	溶解氧（mg/L）	氧化还原电位（mV）	浊度（NTU）	洗井水性状（颜色、气味、杂质）
洗井前										
洗井中										
……										
洗井中										
洗井后										

井水总体积（L）：	洗井结束时水位面至井口高度（m）：
现场洗井照片：	
洗井人员：	
采样人员：	
工作组自审签字：	采样单位内审签字：

附表 5.4　地下水采样记录单

<table>
<tr><td colspan="5">企业名称：</td><td colspan="5">采样日期：</td><td colspan="5">采样单位：</td></tr>
<tr><td colspan="5">天气（描述及温度）：</td><td colspan="5">采样前 48h 内是否强降雨：是□　　否□</td><td colspan="5">采样点地面是否积水：是□　　否□</td></tr>
<tr><td colspan="8">油水界面仪型号：</td><td colspan="7">是否有漂浮的油类物质及油层厚度：是□________cm 否□</td></tr>
<tr><td>地下水采样井井编号</td><td>对应土壤采样点编号</td><td>采样井锁扣是否完整</td><td>水位埋深（m）</td><td>采样设备</td><td>采样器放置深度（m）</td><td>采样器汲水速率（L/min）</td><td>温度（℃）</td><td>pH</td><td>电导率（μS/cm）</td><td>溶解氧（mg/L）</td><td>氧化还原电位（mV）</td><td>浊度（NTU）</td><td>地下水性状观察（颜色、气味、杂质，是否存在NAPLs，厚度）</td><td>样品检测指标（重金属/VOCs/SVOCs/水质等）</td></tr>
<tr><td></td><td></td><td></td><td></td><td></td><td></td><td></td><td></td><td></td><td></td><td></td><td></td><td></td><td></td><td></td></tr>
<tr><td></td><td></td><td></td><td></td><td></td><td></td><td></td><td></td><td></td><td></td><td></td><td></td><td></td><td></td><td></td></tr>
<tr><td></td><td></td><td></td><td></td><td></td><td></td><td></td><td></td><td></td><td></td><td></td><td></td><td></td><td></td><td></td></tr>
<tr><td colspan="15">采样照片</td></tr>
<tr><td colspan="15">采样人员：</td></tr>
<tr><td colspan="8">工作组自审签字</td><td colspan="7">采样单位内审签字</td></tr>
</table>

附表 5.5　样品保存检查记录单

样品编号	检查内容					
	样品标识	包装容器	样品状态	保存条件	保存时间	日常检查记录
工作组自审签字：				采样单位内审签字：		

附表 5.6 样品运送单

<table>
<tr><td colspan="13">采样单位：</td><td colspan="13">地块名称：</td></tr>
<tr><td colspan="13">联系人：</td><td colspan="13">地块所在地：</td></tr>
<tr><td colspan="7" rowspan="2">地址/邮编 ：</td><td colspan="6">电话：</td><td colspan="13">电子版报告发送至：</td></tr>
<tr><td colspan="6">传真：</td><td colspan="13">文本报告寄送至：</td></tr>
<tr><td colspan="13">质控要求：　□标准　□其他　（详细说明）__________</td><td colspan="13">要求分析参数　　（可加附件）</td></tr>
<tr><td colspan="13">测试方法：□国标（GB）　□其他方法　（详细说明）__________</td><td rowspan="4"></td><td rowspan="4"></td><td rowspan="4"></td><td rowspan="4"></td><td rowspan="4"></td><td rowspan="4"></td><td rowspan="4"></td><td rowspan="4"></td><td rowspan="4"></td><td rowspan="4"></td><td rowspan="4"></td><td rowspan="4"></td><td rowspan="3">特别说明
保温箱是否完整：________
接收时保温箱内温度：____
样品瓶是否有破损：____
其他：__________</td></tr>
<tr><td colspan="13">加盖 CMA 章：□是　□否　　加盖 CNAS 章：□是　□否</td></tr>
<tr><td colspan="3">样品描述</td><td colspan="4">介质</td><td colspan="6">容器与保护剂</td></tr>
<tr><td>样品编号</td><td>实验室
样品号</td><td>采样日期
时间</td><td></td><td></td><td></td><td></td><td></td><td></td><td></td><td></td><td></td><td></td><td>□冷藏 □常温 □其他</td></tr>
<tr><td></td><td></td><td></td><td></td><td></td><td></td><td></td><td></td><td></td><td></td><td></td><td></td><td></td><td></td><td></td><td></td><td></td><td></td><td></td><td></td><td></td><td></td><td></td><td></td><td></td><td></td></tr>
<tr><td></td><td></td><td></td><td></td><td></td><td></td><td></td><td></td><td></td><td></td><td></td><td></td><td></td><td></td><td></td><td></td><td></td><td></td><td></td><td></td><td></td><td></td><td></td><td></td><td></td><td></td></tr>
<tr><td colspan="26">测试周期要求：　□10　个工作日　□7　个工作日　□5　个工作日　□其他（请注明）</td></tr>
<tr><td colspan="26">一个月后的样品处理：　□归还样品提供单位　□由实验室处理　□样品保留时间______月</td></tr>
<tr><td colspan="9">样品送出</td><td colspan="15">样品接收</td><td colspan="2">运送方法</td></tr>
<tr><td colspan="9">姓名：________日期/时间：__________</td><td colspan="15">姓名：________日期/时间：__________</td><td colspan="2"></td></tr>
</table>

附表 5.7　采样质控检查记录表

□内审□外审

地块名称：
地块编号：　　　　采样单位：　　　　采样组长：
检查时间：　　　　检查人员：　　　　联系方式：

序号	检查环节	检查项目	检查要点	检查方式	判定结果	检查样点编号及不合格原因
1	采样准备	布点方案	①布点方案通过评审，采样点进行过现场确认； ②布点方案满足技术规定的要求，布点区域筛选依据充分合理； ③布点位置确定依据基本合理，监测指标无明显遗漏	资料检查检查布点方案与专家评审意见，现场检查对照现场实际情况，检查布点区域、布点位置确定依据是否合理，监测指标有无明显遗漏	□合格 □不合格	
2	土孔钻探	采样点数量和位置	采样点数量和位置应与布点方案一致；若采样点位置存在调整，调整原因和调整后位置的依据应充分合理	资料检查通过“采样记录单”和现场照片，现场检查对照现场实际情况，检查采样点数量、位置及前期点位标记信息，检查点位调整原因及调整后位置的依据	□合格 □不合格	
		土孔钻探	①应使用非扰动钻探设备； ②钻孔深度应与布点方案的要求一致； ③岩芯应在整个钻探深度内保持基本完整、连续，可支撑土层性质、污染情况（颜色、气味、性状）辨识及现场快速检测筛选	资料检查通过“土壤钻孔采样记录单”和现场照片，现场检查对照现场实际情况，检查钻探设备、钻探深度、岩芯等	□合格 □不合格	
		交叉污染防控	①使用无浆液钻进方式； ②钻探过程中应全程套管跟进，防止钻孔坍塌； ③不同采样点间应清洗钻头、钻杆、套管及采样管（与样品无直接接触或使用一次性的除外）等	资料检查通过“土壤钻孔采样记录单”和现场照片，检查钻探设备及钻进方式，是否清洗了钻头、钻杆、套管及采样管（与样品无直接接触或使用一次性的除外）等；现场检查对照现场实际情况，检查钻探方式及方法，钻头、钻杆及采样管清洗要求的执行情况	□合格 □不合格	

续表

序号	检查环节	检查项目	检查要点	检查方式	判定结果	检查样点编号及不合格原因
3	地下水采样井建设	采样井建设	滤水管位置、滤料层及止水层设置应满足布点方案及技术规定的要求	资料检查通过“成井记录单”和现场照片，现场检查对照现场实际情况，检查滤水管位置、滤料层及止水层设置与布点方案要求是否一致	□合格 □不合格	
		成井洗井	出水体积应达到 3 倍以上井水体积（含滤料孔隙体积）或水清砂净且参数稳定或浊度小于 50	资料检查通过“地下水采样井洗井记录单”和现场照片，现场检查对照现场实际情况，检查洗井出水体积或参数测定值或浊度测定值	□合格 □不合格	
		交叉污染防控	①建井所用井管、滤料及止水材料无污染情况； ②洗井前，充分清洗洗井设备和管线； ③使用贝勒管时，一井配一管	资料检查通过现场照片，检查是否清洗了设备和管线；现场检查对照现场实际情况，检查交叉污染防控情况	□合格 □不合格	
4	土壤样品采集与保存	采集深度	①每个采样点至少在 3 个深度采集土壤样品，若地下水埋深小于 3 米，至少采集 2 个样品； ②每一深度样品，应在通过颜色、性状等现场辨识出的存在污染痕迹或现场快速检测筛选出的污染相对较重的位置进行取样	资料检查通过“土壤钻孔采样记录单”和现场照片，现场检查对照现场实际情况，检查是否采集了足够数量的土壤样品，土壤样品采集深度是否经过现场辨识或现场快速检查筛选	□合格 □不合格	
		挥发性有机污染物（VOCs）样品采集	①使用非扰动采样器采集； ②样品采集后应置入加有甲醇保存剂（有依据表明样品属于低浓度 VOCs 污染的除外）的样品瓶中	资料检查通过现场照片，现场检查对照现场实际情况，检查样品采集方式，检查样品瓶内保存剂添加情况	□合格 □不合格	
		样品编码	①样品编码方式（含平行样）应满足技术规定要求 ②样品应进行二次编码	资料检查通过“样品保存检查记录单”和现场照片，现场检查对照现场实际情况，检查土壤样品编码与二次编码情况	□合格 □不合格	
		样品保存条件	①样品保存箱应具有保温功能，并内置冰冻蓝冰（或其他蓄冷剂）； ②样品采集后应立即存放至保存箱内	资料检查通过现场照片检查保存箱是否有蓄冷剂；现场检查对照现场实际情况，检查样品保存情况	□合格 □不合格	

续表

序号	检查环节	检查项目	检查要点	检查方式	判定结果	检查样点编号及不合格原因
4	土壤样品采集与保存	样品检查	①已采集样品应与“样品保存检查记录单”一致并满足布点方案要求； ②样品重量或体积满足检测要求	资料检查通过“样品保存检查记录单”和现场照片检查“样品保存检查记录单”与布点方案的一致性；现场检查对照现场实际情况，检查已采样品、“样品保存检查记录单”、布点方案三者的一致性	□合格 □不合格	
5	地下水样品采集与保存	采样前洗井时间	成井洗井结束至少 24h 后方可进行采样前洗井	资料检查通过现场照片显示的拍摄时间，现场检查对照现场实际情况，检查成井洗井与采样前洗井的时间间隔	□合格 □不合格	
		VOCs 样品采集采样前洗井方式	洗井不得使用反冲、气洗的方式	资料检查通过现场照片和“地下水采样洗井记录单”，现场检查对照现场实际情况，检查洗井方式	□合格 □不合格	
		洗井达标要求	洗井出水体积应达到 3～5 倍井水体积（含滤料孔隙体积）或现场测试参数满足技术规定要求。对于低渗透性地块难以完成洗井出水体积要求的，按照《地块土壤和地下水中挥发性有机物采样技术导则》（HJ 1019—2019）中“低渗透性含水层采样方法”要求执行	资料检查通过现场照片和“地下水采样洗井记录单”，现场检查对照现场实际情况，检查采样前洗井出水体积或参数测定值；对难以完成洗井出水体积要求的，检查是否按照《地块土壤和地下水中挥发性有机物采样技术导则》（HJ 1019—2019）要求	□合格 □不合格	
		交叉污染防控	同地下水采样井建设	同地下水采样井建设	□合格 □不合格	
		VOCs 样品采集	①样品采集应优先使用气囊泵、蠕动泵等低流量采样设备，条件不具备时可使用具有低流量调节阀的贝勒管； ②样品采集时，出水流速不超过 0.5L/min； ③用于 VOCs 检测的样品瓶不存在顶空或气泡	资料检查通过现场照片和“地下水采样记录单”，现场检查对照现场实际情况，检查采样方式	□合格 □不合格	
		样品编码	同土壤样品编码	同土壤样品编码	□合格 □不合格	

续表

序号	检查环节	检查项目	检查要点	检查方式	判定结果	检查样点编号及不合格原因
5	地下水样品采集与保存	样品保存条件	①用于检测 VOCs 的样品保存箱应具有保温功能，并内置冰冻蓝冰（或其他蓄冷剂），样品采集后应立即存放至保存箱内； ②用于其他指标检测的样品应按要求添加相应的保存剂，并按要求保存	资料检查通过“样品保存检查记录单”和现场照片保存箱是否有蓄冷剂；现场检查对照现场实际情况，检查样品的保存剂添加情况及其他保存条件	□合格 □不合格	
		样品检查	同土壤样品检查	同土壤样品检查	□合格 □不合格	
6	样品运送与接收	样品运送	①时效性：检查时，应满足相应检测指标的测试周期要求； ②保存条件：样品保存条件（包括温度、气泡及保护剂等）应满足全部送检样品要求； ③样品包装容器：样品包装容器应无破损，封装完好； ④标签：样品包装容器标签应完整、清晰、可辨识标签上的样品编码应与运送单完全一致； ⑤“样品运送单”中除“特别说明”和“样品接收外的标＊项外均应填写完整、规范，且与实际情况一致	资料检查通过“样品运送单”与现场照片，检查样品时效性和保存条件、样品包装容器、标签；现场检查对照现场实际情况，检查“样品运送单”所记录全部内容是否与实际情况一致并满足全部检查要点要求	□合格 □不合格	
		样品接收	同样品运送①-④，“样品运送单”中标＊项应填写完整、规范，且与实际情况一致	资料检查通过检查“样品运送单”中“特别说明”和“样品接收”是否填写完整、规范，由接样单位签收	□合格 □不合格	

注：质量检查以环节为单位，应填写所检查环节的全部检查项目判定结果。“现场照片”指该检查环节现场工作情景照片，采样工作组应对照检查要点、检查方式进行拍照，并充分反映相关工作内容；当照片无法支撑相关环节的判定时，质量检查人员可判定该环节为不合格。

不满足任一检查要点要求则判定为不合格，否则为合格。

附表 5.8　采样质控整改意见单

□内审　　　□外审

<table>
<tr><td colspan="2">地块名称：</td></tr>
<tr><td colspan="2">地块编码：</td><td>采样点编号：</td></tr>
<tr><td colspan="2">采样单位：</td><td>整改次数：第___次</td></tr>
<tr><td>整改项目</td><td colspan="2">整改意见　内审　　外审</td></tr>
<tr><td>严重质量问题</td><td colspan="2"></td></tr>
<tr><td>一般质量问题</td><td colspan="2"></td></tr>
<tr><td>其他整改意见</td><td colspan="2"></td></tr>
<tr><td colspan="3">质量检查员：

检查日期：</td></tr>
</table>

附表 5.9　采样质控整改回复单

□内审　　□外审

地块名称：		
地块编码：		采样点编号：
采样单位：		整改次数：第____次
整改项目	整改意见：内审 外审	整改回复
严重质量问题		
一般质量问题		
其他整改意见		
采样工作组组长：	质量检查人员确认：	日期：

6

样品流转、保存和制备阶段的质量控制

样品的流转、保存和制备是土壤环境调查工作的枢纽。在样品采集完成之后、进行分析测试工作之前，待分析样品的流通与存储若有不当，调查工作或将毁于一旦。倘若建设用地土壤环境调查是一栋大厦，样品采集、分析测试以及数据分析就是大厦的栋梁；而样品的流转、保存和制备就是建设大厦的一砖一瓦。“致广大而尽精微”，样品的流转、保存和制备工作技术难度低，其工作执行相对轻松，但细节工作绝对不容忽视。2018 年，中国环境监测总站印发了《土壤样品制备流转与保存技术规定》（总站土字〔2018〕407 号），对于土壤的样品制备流转与保存提出了针对性的单独指引，体现了其重要性。

6.1 样品制备、流转和保存的技术细则

中国环境监测总站于 2018 年出版了《土壤环境监测技术图文解读》一书，书中指出，土壤样品分析测试前，需根据监测方法的要求进行样品制备。制备方法通常根据土壤的分析测试项目确定，分析土壤理化性质、营养盐和重金属时一般采用土壤的风干样品，分析土壤中挥发性、半挥发性有机物或可萃取有机物时一般采用新鲜样品。

对土壤 pH、全盐量、氯离子、交换性能及有效养分等分析项目，需用过 20 目筛的风干土壤进行分析；对土壤重金属、有机质、腐殖质组成、全氮、碳酸钙、土壤全量微量元素及其他成分的测定，需用过 100 目筛的风干土壤进行。

在中国环境监测总站于 2017 年出版的《土壤环境监测技术要点分析》一书中，对土壤样品制备、流转和保存的全过程进行了详细介绍，并对其中的各项技术要点进行了分析。

土壤样品制备主要包括风干和研磨两个阶段，需设置面积足够的专用风干室和研磨室。风干室需保持整洁、无尘、通风良好，不能有对流风或用风扇直吹样品，避免阳光直射样品，避免外部灰尘入侵和其他问题造成的交叉污染；同时，应做到专地专用，不在风干室内存放易挥发性化学物质。风干室内还应配置温湿度计，对室内温湿度有所控制，并每日记录。制样室应设置相互独立的制样操作工位并配备专门的通风除尘设施。在土壤样品的制备中，制样人员需要配备相应的安全防护装备，主要包括口罩、手套、防尘帽和套袖等。

制样器具一般包括：风干（烘干）工具、研磨工具、过筛工具、混匀工具、分装容

器、称量仪器和清洁工具等。其中，风干工具有搪瓷或木（竹）风干盘、牛皮纸盒土壤风干机等；研磨工具有木（竹）棒、木（竹）铲、木（竹）锤、有机玻璃板、有机玻璃棒、布袋、牛皮纸、无色聚乙烯膜、刷子、塑料镊子、不锈钢镊子、粗碎机、玛瑙（瓷）研钵、球磨机和其他不对分析项目测试结果产生影响的材质的研磨机器等；过筛工具有尼龙筛、不锈钢筛或配备不同规格尼龙筛的自动筛分仪，常用规格有0.075mm（200目）、0.15mm（100目）、0.25mm（60目）、0.85mm（20目）、1mm（18目）、2mm（10目）筛等；混匀工具有有机玻璃板、无色聚乙烯膜（或牛皮纸等可替代品）、四分器、木（竹）铲和漏斗等；分装容器有棕色磨口玻璃瓶、聚乙烯塑料瓶、带聚四氟乙烯盖的棕色玻璃瓶、纸袋和塑料袋等，分装用具种类和规格视样品量和分析测试项目而定；称量仪器有百分之一天平等；清洁工具有无油高压气泵、工业型吹风机、烘箱和吸尘器等；记录表格有土壤样品制备原始记录表和土壤样品交接记录本等。

6.1.1 样品制备

样品制备是将采集到的土壤样品剔除非土壤成分，并经风干、研磨、过筛、混匀等一系列流程，加工为适用于实验室分析并可长期保存的样品的过程。一般土壤样品制备流程如图6.1所示。样品制备加工质量检查登记表见附表6.1。

6.1.1.1 样品风干

风干是将采集到的新鲜土壤样品置于阴凉干燥处，使土壤中的水分自然挥发的过程。从野外采集的土壤样品运到实验室后，为避免受微生物的作用引起发霉变质，应立即将全部样品倒在铺垫有垫纸（如牛皮纸）的风干盘中进行风干，并将样品标签附于风干盘中或粘贴在垫纸上。

将土壤样品摊成2~3cm的薄层，除去土壤中混杂的砖瓦石块 、石灰结核和根茎动植物残体等，填写风干样品入库记录。一般自然风干时间在10~15天。

风干过程中要经常翻拌土壤样品，间断地将大块土壤样品压碎，用塑料镊子挑拣或静电吸附等方法将样品里面的树枝和杂草根系等除去。在翻拌土壤样品的过程中应注意小心翻动，防止样品间交叉污染，必要时将风干盘转移至桌面上进行翻拌。对于黏性土壤，在土壤样品半干时，须将大块土捏碎或用木（竹）铲切碎，以免完全干后结成硬块，难以磨细。除自然风干外，在保证不影响目标物测试结果的情况下，可采用土壤冷冻干燥机和土壤烘干机等设备进行烘干，但必须严格控制温度。

当土壤样品量较大时，为提高土壤样品制备效率，可采用土壤样品干燥箱等机械化器具处理土壤样品。土壤样品干燥箱的原理是采用模拟室内空气流动模式，即风干模式进行土壤样品的干燥。干燥的空气是经过两次的粗过滤和活性炭吸附的洁净空气，再经过干燥

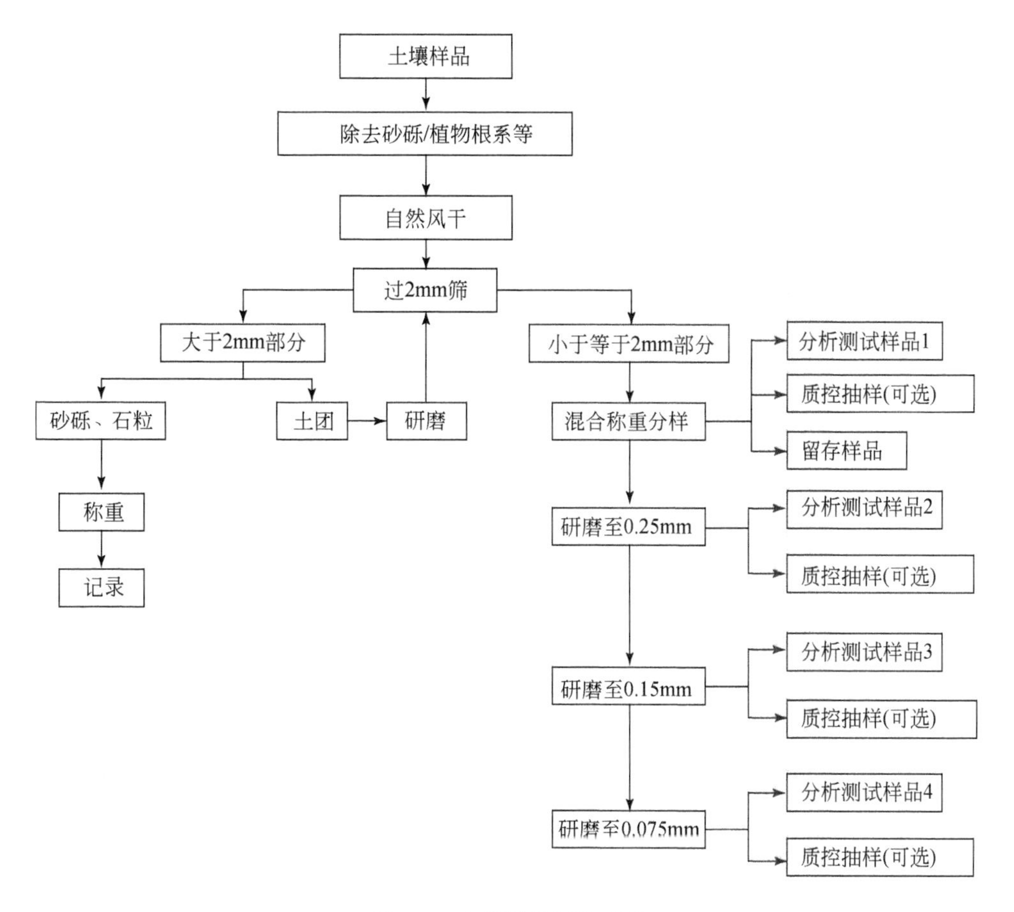

图 6.1　土壤样品制备流程

处理输送至样品室。土壤样品干燥箱通过分室独立存放干燥样品，具有洁净、避免样品交叉污染、省时、省力、节省空间等特点。

常用的土壤样品干燥箱有 6 室、12 室和 24 室等多种型号。使用土壤样品干燥箱时，应将样品相对均匀地平铺在托盘中，并根据土壤样品的水分含量选择使用气泵的数量。

6.1.1.2　样品研磨

土壤样品的研磨包括粗磨和细磨两个过程。粗磨是将风干的样品研磨至全部通过 2mm 筛网或其他要求的粒度的过程。粗磨后的样品用于测定土壤的理化性质和样品保存。

土壤研磨一般由 1 ~2 名土壤样品研磨人员和 1 名监督员共同完成，便于工作上相互配合和质量监督，特别是避免样品混淆等事件发生。

（1）样品称重

无论是粗磨还是细磨，研磨前均应称量待磨样品的总重量并记录。

（2）筛检杂物

称量后的土壤样品，应仔细捡除非土壤成分，包括碎石、砂粒和植物残体等，但不可随意遗弃土壤样品，特别是已结成块的土样，避免影响土壤样品的代表性。

（3）粗磨

1）首次过筛。全部土壤样品分批次转移至 2mm 土壤筛中。通过 2mm 筛的土壤样品转移至指定容器（如聚乙烯袋）中，贴上标签，大于 2mm 未通过的部分土壤样品转移至无纺布袋中。

2）再次过筛。将无纺布袋置于操作板上，利用木槌和木棍将无纺布袋中未过筛的土壤样品碾压碎，再次过 2mm 孔径土壤筛，过筛的土壤样品置于粗磨土壤聚乙烯袋中，大于 2mm 孔径土壤筛的样品再次放回无纺布袋中。多次筛分，直至全部风干土壤样品均通过 2mm 筛。

3）研磨后样品称重。分别称量并记录粗磨后土壤样品重量和土壤中不可研磨物的重量。

4）分装。经 2mm 筛分后的样品全部置入已铺垫无色聚乙烯膜或牛皮纸的操作板上，搅拌混匀土壤样品，保证制备出的样品能够代表原样。常用的混匀操作方法有以下三种：①翻拌法，即用铲子进行对角翻拌，重复 10 次以上；②提拉法，即轮换提取方形聚乙烯膜的对角一上一下提拉，重复 10 次以上；③堆锥法，即将土壤样品均匀地从顶端倾倒，堆成一个圆锥体，重复 5 次以上。

混匀后将土壤样品均匀平铺，再采用四分器将土壤样品进行四分法操作，取其四分法对角线的两份，一份留样，装于样品袋或样品瓶，填写 2 份土壤标签（瓶内或袋内一份，瓶外或袋外粘贴一份），交样品库存放；另一份用于样品的细磨。其余土壤样品分装，并贴上标签。

在整个制备过程中应经常、仔细地检查，核对标签，严防标签模糊不清、丢失或样品编码错误混淆。对于易沾污的测定项目，可单独分装。

5）弃取原则。保留的样品必须满足分析测试、细磨、永久性留存和质量抽测所需的样品量；留作细磨的样品量至少为细磨目标样品量的 1.5 倍；剩余样品可以称重、记录后丢弃。对于砂石和植物根茎等较多的特殊样品，应在备注中注明，并记录弃去杂质的质量。

（4）细磨

细磨是将土壤粒径小于 2mm 的土壤样品研磨至全部通过指定网目筛网的过程。细磨过程也包括过筛、称重、研磨、混匀、分装、弃取和记录等环节，主要过程与粗磨类似，但研磨过程使用玛瑙（瓷）研钵进行，且因非土壤成分细小，一般用静电法去除。需要进一步细磨的样品可以重复相应步骤。

（5）研磨注意事项

为保证土壤样品分析指标的准确性，应采用逐级研磨、边磨边筛的研磨方式，切不可为使土壤样品全部过筛而一次性将土壤样品研磨至小粒径，以免影响测试结果。

研磨过程中，应随时捡除非土壤成分，包括碎石、沙砾和植物残体等，但不可随意遗弃土壤样品，避免影响土壤样品的代表性。为保持土壤样品的特性，粗磨过程不推荐采用机械研磨手段。

应及时填写样品制备原始记录表，记录过筛前后的土壤样品重量。除手工混匀外，也可采用缩分器等仪器辅助进行混匀，但使用时应保证其与土壤样品接触的材质不干扰样品测试结果。

每个样品制备结束后，所有使用过的制备工具必须清洁干净或采用无油空气压缩机吹净后，方能用于下一次土壤样品的制备，以防交叉污染。

在制样过程中土壤标签与土壤样品应始终放在一起，严禁混淆，保持样品名称和编码始终不变。

6.1.1.3 有机样品制备

挥发性和半挥发性有机物一般需采用新鲜样品分析，应按相应分析方法的要求进行样品制备。在保证不影响目标物测试结果的情况下，难挥发性有机物样品可采用冷冻干燥机制备。

6.1.2 样品流转

样品流转是土壤检测过程的流通和转移，包括由采样点向制样场所、分析实验室和由制样场所向分析实验室及由分析实验室向样品库的流转。土壤样品经过多次交接，经历采样、运输、制样和分析多个环节，为保证样品流转信息可追溯，应保存其流转记录。

6.1.2.1 制定样品流转计划

样品流转计划应包含：①样品总份数、样品粒径、样品重量，以及每份样品的接收时间和地点、交接人员、交接时间和地点等；②明确是否拆分平行样品和插入质控样品等内容。

6.1.2.2 样品运输

(1) 样品包装要求

土壤样品装箱时应将测试有机物和无机物的样品分类包装。为防止运输过程中瓶塞松动，可用封口膜缠绕瓶口，并尽快送至分析实验室。

用于测试土壤有机项目的样品应全程保存于专用冷藏箱（4℃以下低温保存）；用于测试无机项目的样品应全程避光常温保存。

(2) 样品装箱要求

土壤样品装箱时应将测试有机物和无机物类的样品分类装箱；同一采样点的样品瓶尽量装在同一箱内，同类样品尽量装在同一箱内，与采样记录逐件核对，以检查所采土壤样品是否已全部装箱。

在样品装箱和运输过程中可以采用泡沫塑料、波纹纸板垫底和间隔防震等措施；样品包装箱外部粘贴关键信息标签，如样品编号区间、样品类型和保存方式等，有盖的样品箱应粘贴“向上”等明显标志。

运输前应及时填写样品运输记录表，确认采样原始记录与样品相对应，核对样品重量、件数、样品包装容器、保存温度、样品目的地和样品应送达时限等信息，相关人员签字确认，发现问题应及时采取纠正措施。

(3) 注意事项

土壤样品流转要严格按照流转计划执行，确保安全、及时送达。土壤样品制备完成后，应按照计划分装样品，核对样品数量、样品重量、标签信息、样品目的地和样品应送达时限等，如有缺项和错误，应及时补齐和修正后再运输。

土壤样品运输过程中要有样品箱，并做好适当的减震隔离，严防破损、混淆和沾污。每个样品箱对应一份样品清单，以备交接时快速区分查找相应样品。运输过程中应避免日光照射，气温偏高或偏低时还应采取控温措施。

6.1.2.3 样品交接

样品流转要严格按照流转计划执行，确保保质、安全、及时送达。样品采集后，有机新鲜样品应在4℃以下避光保存，4天内送达分析实验室；其他样品应运送达制样场所。

样品采集后和由制样场所统一制备完成后，应按照计划分装样品，认真核对样品重量、样品数量、份样量、标签信息、样品目的地和样品应送达时限等，如有缺项和错误，应及时补齐和修正后方可运输。按照样品编码顺序装箱，样品箱应标识样品编码区间，以备交接时快速区分查找相应样品。样品运输过程中要有样品箱，并做好适当的减震隔离，严防破损、混淆或沾污；有机新鲜样品要在4℃以下运输。

土壤样品送到指定地点后，交接双方需清点核实样品，检查样品瓶是否破损，样品是否泄漏，标签是否清晰或有否脱落，有机样品温度是否符合要求，样品是否霉变，并核对包装容器、保存温度、样品目的地和样品应送达时限等。双方确认无误后，在样品交接记录表上签字确认。样品交接记录表一式两份。交样人保存一份，接样人保存一份。样品验收质量检查记录表见附表6.2。

6.1.3 样品保存

6.1.3.1 实验室样品保存

(1) 实验室分析样品

土壤样品应依据各监测方法的要求保存，若方法中没有明确要求，可按如下要求保存：

1）无机项目：除了汞最长能保存28天外，其余无机项目原则上可在室温下保存6个月。

2）挥发性和半挥发性有机项目：一般4℃以下冷藏、避光、密封条件下最长可保存7天。如要较长时间保存，应在-20℃条件下冷藏。

（2）分析取用后的剩余样品

分析取用后的剩余样品，待全部数据报出后，移交到实验室样品储存室保存，以备必要时核查之用。一般可保留半年。

样品保存质量检查记录表见附表6.3。

6.1.3.2 样品库样品保存

样品库样品主要指永久保存样品。土壤样品库要求能长期保持干燥、通风、无阳光直射、无污染，要严防潮湿霉变、防虫、鼠害。有机样品不宜长期保存。

应建立样品库样品管理制度。样品入库、领用均需严格办理记录手续，填写样品入库记录和样品领用记录；要定期整理样品，定期检查样品库室内环境，防止霉变、虫鼠害及标签脱落，并建立严格的管理制度。

6.1.3.3 污染、特殊、珍惜和有争议样品

对于污染土壤的样品，要根据污染物的性质采取相应的防护措施，避免与人体直接接触。运送样品时，如果样品为高污染土壤或污染特性不明确者，需针对其可能引致的安全问题采取防护措施。污染的样品应单独设风干室，不能与其他样品同一时间在同一制样室过筛研磨。

特殊、珍稀和有争议样品一般要永久保存，用以进行质量控制的标准土壤样品或对照土壤样品需长期妥善保存。棕色磨口玻璃瓶建议采用蜡封瓶口。在保存土壤样品时，除了贴上标签和写上编码等外，应注意避免日光、高温、潮湿和酸、碱气体等的影响。

6.2 质量控制的技术要点

6.2.1 人员

土壤样品制备人员应经过技术培训和能力确认，具有土壤环境监测相关基础知识，掌握土壤样品制备流转保存相关技术要求。

6.2.2 制备场所、工具

样品风干室和制备室环境条件需满足要求；除尘设施正常运转，风量适中；每制完一

个样品后，制样台面和场地需及时清扫干净。

制样工具齐全、完好，分装容器材质规格应满足要求，工具材质的选择不可对测试项目造成干扰，制样设备正常运转且定期维护。

制样工具和器皿应在每次样品制备完成后及时清洁干净。

6.2.3 质量控制

6.2.3.1 损耗率要求

损耗率是在样品制备过程中损耗的样品占全部样品的质量百分比。按粗磨合细磨两个阶段分别计算损耗率，要求粗磨阶段损耗率低于3%、细磨阶段低于7%。计算公式为：

损耗率(%)=[原样重量(g)-过筛后重量(g)]/原样重量(g)×100%

6.2.3.2 过筛率要求

过筛率是土壤样品通过指定网目筛网的量占样品总量的百分比。各粒径的样品，按照规定的网目过筛，过筛率达到95%为合格。过筛率计算公式如下：

过筛率（%）=通过规定网目的样品质量/过筛前样品总质量×100%

6.2.4 样品质量监督检查

样品制备监督检查包括样品制备自检与样品制备督查。

6.2.4.1 样品制备自检

样品制备自检是指样品制备人员在制样过程中，对样品状态、工作环境和制备工作情况进行自我检查。

检查内容包括：样品袋是否完整，标签是否清楚，样品重量是否满足要求，样品编号与样品袋上的编号是否对应等。

6.2.4.2 样品制备督查

为保证样品制备质量，需配备专人负责制样过程的质量监督。质量监督员按质量检查要求对整个制样过程进行监管，并填写样品制备现场检查记录表。检查内容包括：制样损耗率、制样过筛率、制样均匀性、样品制备原始记录和样品制备现场操作等。

6.2.5 样品流转监督检查

应对样品流转环节开展监督检查，对样品流转交接过程的时效性、记录填写完整性等进行抽查，必要时对已交接样品进行抽查。检查要点包括以下几个方面。

1）时效性。检查时，应满足相应检测指标的测试周期要求。

2）保存条件。样品保存条件（包括温度、气泡、保存箱及保护剂等）应满足全部送检样品要求。

3）样品包装容器。样品包装容器应无破损，封装完好。

4）标签。样品包装容器标签应完整、清晰、可辨识，标签上的样品编码应与运送单完全一致。

5）样品运送单。检查样品运送单填写是否完整、规范，且与实际情况一致。

6.2.6 样品保存监督检查

应对样品保存情况开展监督检查，检查样品保存场所环境条件、防污措施是否齐备；检查出入库记录是否完整、齐全；检查已入库样品的包装、标签、重量、数量和过筛率等关键信息是否符合入库要求。

6.3 质量控制的管理实施

6.3.1 制样人员资格能力检查

制样人员应相对稳定并经培训合格上岗，检查相关培训记录和考核记录，确认制样人员能力达到要求。

6.3.2 制样场所、器具符合性检查

检查制样单位是否具有专用的制样场所，明确风干、研磨、保存等功能区是否齐全、划分是否合理、防尘通风隔离设施是否配套、规模是否与预计的样品量相匹配。

检查样品破碎、研磨、筛分和分装等工具是否齐全，数量是否能够与预计的样品量相匹配。

检查制样工作全流程的内部质量保证体系运行是否畅通，样品制备区域是否配备影像记录装置。

6.3.3 制样质量检查

制样质量检查主要包括以下几个方面。

1）制样损耗率检查。依据样品制备原始记录中粗磨、细磨前后的样品质量，计算制样损耗率并填写土壤样品制备质量检查抽查表。

2）样品过筛率检查。在样品制备完成后，随机抽取任一样品的 10%，按照规定的网目过筛，并填写土壤样品制备质量抽查表。过筛后的样品原则上不得再次放回样品瓶中。

3）样品均匀性检查。在样品混匀后分装前，取出 5 个样品进行相关理化指标的测试，依据测定结果的平行性以检查样品的均匀性。

4）样品制备原始记录检查。检查样品制备的全过程是否及时填写土壤样品制备原始记录表。表格应填写认真、数据正确、称量准确、情况真实，不允许事后补记。制样完成后，制样原始记录和分析原始记录一同归档保存，以便核查。

5）样品制备操作现场检查。样品风干、存放、研磨、过筛、混匀、取样和分装操作是保证样品代表性的关键操作步骤，需对相关操作的规范性进行监督检查。同时，对样品状态、工作环境及制备工作情况进行监督检查。

6）抽查率的要求。总抽查率不低于总样品数的 20%。

6.3.4 样品流转质量检查

样品流转质量检查主要通过检查“样品运送单”所记录的内容与实际情况是否一致来进行质量控制。

6.3.5 样品保存质量检查

样品保存质量检查主要是通过抽查实验室留存样品的过筛率、均匀性是否符合要求，检查样品保存状态（包装、标识等）是否符合要求，检查样品保存场所环境条件（温湿度、防玷污措施、防虫鼠害等）是否符合要求，检查样品出入库记录是否完整、齐全等来进行质量控制。

6.4 质量控制的结果处理

6.4.1 样品制备质量控制结果处理

对检查中发现的问题，质量检查人员应及时向有关责任人指出，并根据问题的严重程度要求其采取适当的纠正和预防措施。

如果制样小组或制样单位存在未按规定的制样方法制备土壤样品、未采取有效的环境条件控制措施防止样品在制备和加工过程发生沾污、已加工样品的样品重量或粒度未达到规定要求、样品标识不清或样品包装容器不符合规定要求、不能提供完整的样品制备原始记录等情节严重且难以整改的质量问题，应分别采取以下措施。

1）对制样小组：应提高发现严重质量问题制样小组的检查比例。经检查如仍然发现存在严重质量问题，应要求该制样小组重新制备最近两次检查期间制备的所有样品，或安排其他合格的制样小组重新制备相关样品；如未发现新的严重问题，该制样小组应重新制备发生严重质量问题当日制备的所有样品。

2）对制样单位：应提高发现严重质量问题制样单位的质量检查比例。经检查如仍然发现存在严重质量问题，应要求该制样单位重新制备最近两次检查期间制备的所有样品，或安排其他合格制样单位重新制备相关样品；如未发现新的严重质量问题，该制样单位应重新制备发生严重质量问题当日完成的所有样品。

质量检查人员须将检查结果填写到样品制备加工质量检查登记表。

6.4.2 样品流转质量控制结果处理

在采样现场，样品运装流转前，必须逐件与样品登记表、样品标签和采样记录进行核对。接样单位和送样单位在样品交接过程中，接样单位的接样人员应对接收样品的质量状况进行检查。检查的内容包括以下几个方面。

1）样品标识是否完整、清晰、规范、唯一。

2）样品在保存、运输过程中是否受到破损或沾污。

3）样品重量或数量是否符合规定要求。

4）样品交接时保存温度、样品送达时限是否满足检测参数要求等。

在样品交接过程，接样单位如发现送交样品存在质量问题，应拒收样品，要求送样单位及时进行纠正并采取预防控制措施，直至送交合格的样品。样品验收合格后，接样单位样品管理员应在样品运送单上签字，注明接样日期，并返回一份给送样单位。

6.4.3 样品保存质量控制结果处理

对检查中发现的问题，质量检查人员应及时向有关责任人指出，并根据问题的严重程度要求其采取适当的纠正和预防措施。当在样品流转与保存过程发现但不限于下列严重质量问题时，应重新开展采样工作：①未按规定的保存方法保存土壤样品；②未采取有效控制措施防止样品在保存过程被沾污。

6.5 本章附录

附表 6.1 样品制备加工质量检查登记表

实验室名称：____________________

<table>
<tr><td rowspan="2">样品编号</td><td rowspan="2">制样日期</td><td rowspan="2">制样人</td><td colspan="2">制样场所</td><td colspan="3">制样工具</td><td colspan="6">制样流程</td><td colspan="3">已加工样品</td><td colspan="2">制样记录（含影像记录）</td></tr>
<tr><td>环境条件</td><td>防污染措施</td><td>磨样设备</td><td>样品筛</td><td>分装容器</td><td>干燥</td><td>研磨</td><td>筛分</td><td>混匀</td><td>缩分</td><td>装瓶</td><td>标签</td><td>重量（g）</td><td>容器</td><td>完整性</td><td>及时性</td></tr>
<tr><td></td><td></td><td></td><td></td><td></td><td></td><td></td><td></td><td></td><td></td><td></td><td></td><td></td><td></td><td></td><td></td><td></td><td></td><td></td></tr>
<tr><td></td><td></td><td></td><td></td><td></td><td></td><td></td><td></td><td></td><td></td><td></td><td></td><td></td><td></td><td></td><td></td><td></td><td></td><td></td></tr>
<tr><td></td><td></td><td></td><td></td><td></td><td></td><td></td><td></td><td></td><td></td><td></td><td></td><td></td><td></td><td></td><td></td><td></td><td></td><td></td></tr>
<tr><td></td><td></td><td></td><td></td><td></td><td></td><td></td><td></td><td></td><td></td><td></td><td></td><td></td><td></td><td></td><td></td><td></td><td></td><td></td></tr>
<tr><td></td><td></td><td></td><td></td><td></td><td></td><td></td><td></td><td></td><td></td><td></td><td></td><td></td><td></td><td></td><td></td><td></td><td></td><td></td></tr>
<tr><td colspan="2">发现的问题及处理意见</td><td colspan="17"></td></tr>
<tr><td colspan="2">改进情况</td><td colspan="15"></td><td>审核</td><td></td></tr>
</table>

检查日期：__________ 检查者：__________

附表 6.2　样品验收质量检查记录表

送样负责人________送样日期：________

送样单位名称：________________

样品编号	检测项目	样品数量	符合性检查				
			样品重量	包装完好	标签完好	保存条件	送检时间
发现的问题及处理意见	检查人：						
改进情况	整改人：						

接样负责人：________　日期：____年____月____日

接样单位：________________

附表 6.3　样品保存质量检查记录表

实验室名称：____________________

样品编号	检查内容				
	样品标识	包装容器	样品状态	保存条件	日常检查记录
发现的问题及处理意见	检查人：　　日期：				
改进情况	整改人：　　日期：				

7

样品分析测试阶段的质量控制

样品分析测试是建设用地土壤污染状况调查过程中的关键环节，一个准确的分析测试数据能够体现存在于环境中的污染物浓度指数，这对于通过数据评估与分析确定土壤污染类型、程度、范围、风险，编制土壤污染状况调查报告，都具有重要的意义。

环境监测活动中，常以代表性、完整性、精密性、准确性和可比性来评价一个数据的质量特性[27]。代表性是指根据确定的目标，在具有代表性的时间、地点，按照规定的要求采集的有效样品，具备反映总体真实情况的特性；完整性是指按照预期计划采集到有系统性、周期性和连续性的有效样品，且无缺漏地获得这些样品的监测结果及有关信息；准确性是指测定值与真值的符合程度；精密性是指测定值是否具有良好的复现性，它和准确性是分析测试结果的固有属性，需要按照所使用方法的要求正确实现；可比性是要求实验室之间对同一样品的监测结果应相互可比，也要求每个实验室对同一样品的监测结果应该达到相关项目之间的数据可比，相同项目的在没有特殊情况时，历年同期的数据也是可比的。在此基础上，还应通过标准物质的量值传递和追溯系统能实现不同时间和不同地点的数据一致、可比。

代表性和完整性主要体现在布点、样品采集、保存、流转和处理等方面，精密性和准确性主要体现在实验室分析测试方面，而可比性又是精密性、准确性、代表性和完整性的综合体现，只有前四者都具备了，才有可比性而言。只有达到这“五性”质量指标的测定结果，才是真正正确可靠的，也才能在提供使用中具有权威性和法律性。

7.1 分析测试质量数据

7.1.1 真值

在一定的时间及空间（位置或状态）条件下，被测量所体现的真实数值称为真值。真值是一个变量本身所具有的真实值，它是一个理想的概念，一般是无法得到的。通常所说的真值分为“理论真值”“约定真值”和“相对真值”。

7.1.1.1 理论真值

理论真值也称绝对真值，是理论上定义的数据，如四边形内角和为360°。

7.1.1.2 约定真值

约定真值是指用约定的办法确定的最高基准值，就给定的目的而言，它被认为充分接近于真值，与真值之差可忽略不计，因而可以代替真值来使用。例如，基准米定义为“光在真空中1/299792458s的时间间隔内行程的长度”。实际测量中以在没有系统误差的情况下，足够多次的测量值的平均值作为约定真值。

约定真值是对于给定目的具有适当不确定度的、赋予特定量的值，有时该值是约定采用的。实际上对于给定目的，并不需要获得特定量的真值，而只需要与该真值足够接近的及其不确定度满足需要的值。特定量这样的值就是约定真值，对于给定的目的，可用它来代替真值。

获得特定量约定真值的方法，通常有以下几种：

1）由国家基准或当地最高计量标准复现而赋予特定量的值。

2）采用权威组织推荐的该量的值。例如，由国际数据委员会（CODATA）推荐的真空光速、阿伏伽德罗常量等特定量的最新值。

3）采用某量的多次测量结果来确定该量的约定真值。

4）对于硬度等量，则用其约定参考标尺上的值作为约定真值。

7.1.1.3 相对真值

相对真值是指当高一级标准器的误差为低一级标准器或普通计量仪器误差的1/3～1/10时，即可认为前者给出的数值相对后者是相对真值。例如，检测分析工作中标准样品中各组分的含量等[28]。

7.1.2 误差

环境监测通常是使用物理、化学和生物的测试方法去完成。由于被测量的数值形式通常不能以有限数表示，同时也因为认识能力的不足和现有科技水平的限制，测量值与其真值无法完全一致，表现在数值上的这种差异就称为误差。一切测量结果都存在误差，误差自始至终存在于测量过程中，误差具有不可避免性，这就是误差公理。

根据测量误差的性质、特点和其产生的原因，一般将误差分为系统误差、随机误差和过失误差。

7.1.2.1 系统误差

（1）定义及特点

系统误差是指在重复性条件下，对同一被测量进行无限多次测量所得结果的平均值与被测量的真值之差。

系统误差是与分析测试过程中某些固定的原因引起的一类误差，它具有重复性、单向性及可测性。即在相同的条件下，重复测定时会重复出现，使测定结果系统偏高或系统偏低，其数值大小通常表现出按照某一确定的规律发生变化。确定规律是指这种误差的变化，可以归结为某个或某几个因素的函数。这种函数一般可用解析式、曲线和数表表达。实验或测量条件一经确定，系统误差就获得一个客观上的恒定值，多次测量的平均值也不能削弱它的影响。

这类误差不论是恒定的或非恒定的，如果能找出产生误差的原因，那么系统误差可以通过校正的方法予以减少或者消除，系统误差是定量分析中误差的主要来源[29]。

（2）来源

系统误差由测定过程中某些经常性的原因所造成。他对分析测试结果的影响比较恒定，会在相同条件的重复测定中重复地显现出来，使测量结果向一个方向偏离，其数值按一定规律变化，具有重复性和单向性。也有的对分析测试结果的影响并不很恒定，甚至在实验条件变化时误差的正负值也有改变。例如，标液因温度变化而影响溶液体积，从而使其浓度变化。但若掌握了溶液体积因温度而变化的规律，就可对分析结果做适当校正从而使这种误差接近于消除。系统误差可分为理论误差（方法误差）、仪器误差、试剂误差、操作误差和环境误差。

1）理论误差（方法误差），指由测量所依据的理论公式本身的近似性，或实验条件不能达到理论公式所规定的要求，或者是实验方法本身不完善所带来的误差。例如，在同一容量分析中，由于指示剂对反应终点的影响，致使指示终点与理论等当点（在滴定分析中，用标准溶液对被测溶液进行滴定，当反应达到完全时，两者以相等当量化合，这一点称为等当点。）不能完全重合所致的误差。

2）仪器误差，指由仪器本身的缺陷或没有按规定条件使用仪器而造成的误差。例如，如仪器的零点不准，容量瓶的标称容量与真实容量不一致，等等。

3）试剂误差，指由所用试剂（包括实验用蒸馏水）含有杂质或使用的试剂不纯所致的误差。

4）操作误差，指由测量者个人感觉器官的差异、反应的灵敏程度、操作习惯或操作人员的主观原因所造成的误差。它因人而异，并且与操作者当时的精神状态有关。例如，在读数时对仪器标线的一贯偏右或偏左，对终点颜色的辨别不同，有人偏深，有人偏浅。在实际工作中，有的人还有一种“先入为主”的习惯，即在得到第一个测量值后，再读取第二个测量值时，主观上尽量使其与第一个测量值相符合，这样也容易引起操作误差。

5）环境误差，指由测量时环境因素的显著改变（如室温的明显变化）所致的误差。

（3）系统误差的减少与消除

系统误差可以采用一些校正的办法和制定标准规程的方法加以校正，使之接近消除。例如，选用公认的标准方法与所采用的方法进行比较，从而找出校正数据，消除方法误差。对于已知的恒值系统误差，可以用修正值对测量结果进行修正；对于变值系统误差，可查找误差的变化规律，用修正公式或修正曲线对测量结果进行修正；对于未知系统误差，则按随机误差处理。

1）交换法：在测量中将某些条件，如被测物的位置相互交换，使产生系统误差的原因对测量结果起相反的作用，从而达到抵消系统误差的目的。

2）替代法：替代法要求进行两次测量，第一次对被测量进行测量，达到平衡后，在不改变测量条件的情况下，立即用另一个已知标准值替代被测量，如果测量装置还能达到平衡，则被测量就等于已知标准值。如果不能达到平衡，修整使之平衡，这时可得到被测量与标准值的差值，即，被测量=标准值-差值。

3）补偿法：补偿法要求进行两次测量，改变测量中的某些条件，使两次测量结果中，得到误差值大小相等、符号相反，取这两次测量的算术平均值作为测量结果，从而抵消系统误差。

4）对称测量法：在被测量进行测量的前后，对称地分别对同一已知量进行测量，将对已知量两次测得的平均值与被测量的测得值进行比较，便可得到消除线性系统误差的测量结果。

5）半周期偶数测量法：对于周期性的系统误差，可以采用半周期偶数观察法，即每经过半个周期进行偶数次观察的方法来消除。

6）组合测量法：由于按复杂规律变化的系统误差不易分析，采用组合测量法可使系统误差以尽可能多的方式出现在测得值中，从而将系统误差变为随机误差处理。

7）空白试验法：用空白实验结果修正测量结果，以消除测量中由试剂、蒸馏水及器皿引入的杂质或其他各种原因所产生的误差。

8）回收率实验法：在实际样品中加入已知量的标准物质和样品于相同条件下进行测量，用所得结果计算回收率，观察是否能定量回收，必要时可用回收率作校正因子。

9）实时反馈修正：随着自动化测量技术及计算机的应用，可用实时反馈修正的办法来消除复杂的变化的系统误差。在测量过程中，通过传感器将这些误差因素的变化，转换成某种物理量形式（一般是电量），及时按照其函数关系，通过计算机算出影响测量结果的误差值，并对测量结果做实时的自动修正。

此外，还可以用排除误差源的办法来消除系统误差。测量者在测量前，对所用的测量仪器、测量方法及测量环境等进行仔细分析、研究，尽可能找出产生系统误差的根源，并在测量前采取有效措施，从根源上消除系统误差。

7.1.2.2 随机误差

（1）定义及特点

随机误差又称为偶然误差或不定误差，是由测量过程中一系列有关因素微小的随机波动而形成的具有相互抵偿性的误差。其产生的原因是分析测试过程中种种不稳定随机因素的影响，如室温、相对湿度、气压等环境条件的不稳定，分析人员操作的微小差异，以及仪器的不稳定等[30]。

随机误差的大小和正负都是不固定的，在实际测量条件下，多次测量同一量时，误差的绝对值和符号的变化，时大时小，时正时负，以不可测定的方式变化。随机误差只服从一定的统计规律，其大小和符号的变化是随机的。当对一个量进行多次测量时，就能发现正、负偏差出现的次数大致相同，小偏差出现的次数多，大偏差出现的次数少。测量值的随机误差分布规律有正态分布、t 分布、三角分布和均匀分布等，但测量值大多数都服从正态分布，在此主要以正态分布为主进行介绍[31]。也就是说，在相同条件下对一个量进行重复测定的测定值可视为一个随机变量，记为χ，这个随机变量的概率密度函数为：

$$P(\chi)=\frac{1}{\sqrt{2\pi\sigma}}\mathrm{e}^{-\frac{1}{2}\left(\frac{\chi-\mu}{\sigma}\right)^2},\quad (-\infty<\chi<\infty)$$

其中 μ 和 σ 分别为正态总体的均值和标准偏差。该随机误差的概率密度函数曲线又称为正态分布曲线。由分布曲线可知，均值两侧包括测量值的概率是相同的，$\mu\pm1\sigma$、$\mu\pm2\sigma$、$\mu\pm3\sigma$ 包括单个测量值的概率分别为 68.27%、95.45% 和 99.73%。其特点如下：

1）有界性：在一定条件下对同一量进行有限次测量的结果，其误差的绝对值不会超过一定界限。

2）大小性：绝对值小的误差出现的概率比绝对值大的误差出现的概率大。

3）对称性：在测试数量足够多时，绝对值相等的正误差和负误差出现的次数基本相等。

4）抵偿性：在一定条件下，对同一量进行测量，随机误差的算术平均值随着测量次数的增加而趋于零。

（2）来源

随机误差的产生，是由对测量结果有影响的许多不可控制或未加控制因素的细微变化引起的。主要有以下几个方面：

1）测量过程中，每次称量、读数、溶液吸取等误差不完全相同，计量器具的误差也不可能完全一致，因此会产生随机误差。

2）测量过程中，实验室环境温度、气压、空气湿度及电源电压等的偶然波动，也会导致随机误差产生。

3）测量过程中，测量仪器的工作状态受到各种条件的限制，极难保证每次测量时仪器工作状态一致，所以会产生随机误差。

4）测量过程中，分析测试人员的判断能力和操作技术不一致也会产生微小差异，使得消解、分离、富集等操作步骤中的损失量和玷污程度不尽相同，从而导致随机误差产生。

测量过程中，随机误差的产生是由于大量随机因素的不确定性导致的，这些不确定性的叠加，使得探寻随机误差的主导影响因素的可能性几乎为零。但是，由于这些因素对测量结果的影响作用很小，一般是可以允许存在的。并且，在当前的条件下，想要消除这种影响，对于技术上的要求太高，同时对于经济上也会产生极大的消耗，因此，客观条件上，随机误差的产生也有其必然性。当然，随着科学技术水平及经济管理水平的提高，随机误差的限度将能够被控制在更低的水平上。

（3）随机误差的减小

如上文所述，随机误差的产生，其主要影响因素包括：仪器的因素、人员的因素和测量环境的因素。因此，减小随机误差的方法也主要从这三个因素考虑。

1）在满足测试方法要求的情况下，选用精度更高、稳定性更好的仪器，可以有效地减小因仪器产生的随机误差的限度。

2）安排分析测试工作经验丰富的人员进行仪器操作，严格要求按照规程执行操作，同时加强对其他分析测试人员的工作培训和能力提高，缩短分析测试人员工作能力提高及稳定的周期。

3）严格控制分析测试环境，在稳定的环境条件下进行分析测试，避免因温度、湿度、不稳定电压及不规则沉降等带来的随机误差。

此外，从概率论和统计学上来看，通过增加平行测量的次数，取其平均值的方法，也是一种有效地减小随机误差的方法。

7.1.2.3 过失误差

过失误差，也称粗差。这类误差的产生，是测量过程中，分析测试人员未按照操作规程进行操作导致发生不应出现的错误，从而影响最终的测量结果。例如，使用的器皿不洁净、错用试剂药品、读数错误、记录错误及仪器异常而未发现等。过失误差通常是无规律的，但它是可以避免的。

过失误差造成的分析测试结果通常会有严重的失真现象，表现为数据离群，可以通过离群数据的统计检验方法将其剔除。对于确认操作中存在错误操作的分析测试结果，无论好坏，都必须剔除。过失误差一经发现，必须立刻纠正。消除过失误差的关键在于提高分析测试人员的实践能力和理论水平，同时要求加强操作规程执行力度，培养良好的操作习惯。

7.1.3 衡量数据质量的指标

7.1.3.1 准确度

（1）定义

准确度常用来度量一个分析过程所获得的分析测试结果（单次测定或多次测定值）与假定的或公认的真值之间的符合程度。一个分析方法或分析过程的准确度是反映该方法测量过程存在的系统误差和随机误差的综合指标，它决定着这个分析测试结果的可靠性。

（2）评价方法

在实际工作中，通常用标准物质或标准方法进行对照试验，或以加入被测定组分的纯物质进行回收试验来估计和确定分析方法与测量过程的准确度[32]。

1）标准物质分析。通过分析标准物质，由所得结果了解分析测试的准确度。这是评价分析方法准确度的最佳选择，但是目前可提供的环境化学标准物质有限，难以满足所有分析方法评价的需要。

2）回收率测定。在样品中加入一定量标准物质测定其回收率是实验室中常用的准确度控制方法之一。从多次回收实验的结果中，还可以发现方法的系统误差。同时也有使用样品及样品经1∶1纯水稀释后，分别做加标回收实验，从而有助于判断基体的干扰影响，但是这个方法对恒定的正负偏差的发现没有帮助。

3）不同方法的比较。一般情况来说，不同原理的分析方法具有相同不准确性的概率是极小的。在使用不同原理的分析方法对同一个样品进行测定，若获得的测定结果一致，则可将其作为该样品真值的最佳估计。

当用不同分析方法对同一样品进行重复测定所获得的测定结果一致或者经过统计检验表明测定结果无明显差异时，则可以认为这些分析方法都具有良好的准确度；若差异明显，则应以被公认是可靠的方法为准。

4）准确度控制图。必要时，检测实验室可通过绘制准确度控制图对样品分析测试过程进行监控。

7.1.3.2 精密度

（1）定义

精密度是指在规定条件下，多次独立测试结果间的一致程度。精密度仅仅依赖于随机误差的分布而与真值或接受参照值无关。

通常用标准差来衡量精密度的高低。精密度越低，标准差越大。标准差在数理统计中属于无偏估计而常被采用，它的可靠程度受测量次数的影响，对标准差做较好的估计时，需要足够多的测量次数。

（2）准确度与精密度的关系

准确度与精密度虽然概念不同，但是两者关系密切。准确度由系统误差和随机误差所决定，而精密度由随机误差决定。某次测定的精密度高并不代表此次测定的结果准确。两者在消除了系统误差后才是一致的。精密度高是准确度高的前提，即要使准确度高，精密度一定要高，但是精密度高不一定准确度就高。

7.1.3.3 灵敏度

灵敏度是指某方法或仪器对某浓度或某质量被测量变化所致的响应量的反应能力，它可以用响应量或其他指示量与对应的待测物质的浓度或量的变化量之商来表示。

我们常说的方法灵敏度，指的是当待测物质的浓度 c 或含量 q 有微小的变化时采用该方法会引起信号测量值 x 有较大的变化。信号测量值 x 与 c 或 q 之间的关系可用函数 $x=f(c)$ 或 $x=f(q)$ 来表示。通过建立工作曲线，就可以写出上述函数的表达式。当工作曲线的斜率越大，即倒数 $\mathrm{d}x/\mathrm{d}c$ 或 $\mathrm{d}x/\mathrm{d}q$ 越大，则该方法越灵敏。所以灵敏度又可以定义为该工作曲线的斜率。例如，分光光度法常以校准曲线的斜率度量灵敏度[33]。

一个方法的灵敏度可因实验条件的变化而改变，同一呈色溶液在不同的分光光度计上的吸光度读数可能不一致，这往往是造成不同实验室制备校准曲线的斜率存在差异的原因。在一定的实验条件下，灵敏度具有相对的稳定性，一般呈线性，灵敏度也是恒定的。当工作曲线是非线性时，如物质浓度较高，比色分析不符合比尔定律时，灵敏度便是浓度的一种函数。当样品中存在干扰物质时，也会引起曲线斜率的变化，这时的灵敏度便是干扰物质含量的函数。

7.1.3.4 检出限

检出限为某特定分析方法在给定的置信水平下可从待测样品中检出待测物质的最小值或最小浓度。所谓“检出”是指定性检出，即判断待测样品中存在浓度高于空白的待测物质。这一参数在环境监测中十分重要，由于环境样品中待测物质的浓度常常很低，尤其在像背景值调查时，要求分析方法能满足调查要求，通常希望检出限要低。

方法的检出限易受到仪器灵敏度和稳定性、空白试验值及其波动性的影响。即便是同一个方法，在不同的实验室求得的方法检出限也会有差异，这会给分析数据的综合评价带来困难，容易造成失误。

7.1.3.5 检测限

检测限又称为检测下限，它指的是产生能可靠地与空白试样的信号区别开来的信号所需要的待测组分的量（或浓度）。它是从最小信号测量值 X_L 推导出来的。对于某一特定的分析过程，X_L 可用方程式表示为：

$$X_L = X_{b1} + KS_{b1} \tag{7-1}$$

式中，X_{b1}是空白测量值的平均值，S_{b1}为空白测量值的标准偏差，K是根据预定的置信水平选取的因子。

检测限 C_L（或 q_L）为：

$$C_L = \frac{(X_L - \overline{X}_{b1})}{S_i} \text{或} \ C_L = \frac{KS_{b1}}{S_i} \tag{7-2}$$

式中，S_i就是上面提到的待测物质的检测灵敏度。$\overline{X}_{b1}$和 S_{b1}可通过足够多次的空白样品测定求得；再根据工作曲线的斜率算出灵敏度 S_i，便可按式（7-1）和式（7-2）求出在一定置信水平下的最小测量值 X_L 和检测限 C_L（或 q_L）。

方程式（7-1）中的 K 值常常建议取 3，根据国际纯粹及应用化学联合会的规定，此时的置信水平约为 90%，而不是人们错误理解为的 99.6%。

随着分析测定技术的发展，相对应地衍生出了检测上限的概念，即在限定误差能满足预定要求的前提下，用特定方法能够准确地定量测定待测物质的最大浓度或含量，就称为该方法的检测上限。后来，大家通常用测定限来统称测定上限和测定下限。

7.1.3.6　最佳测定范围

最佳测定范围又称为有效测定范围，指在限定误差能满足预定要求的前提下，特定方法的检测下限至检测上限之间的浓度范围。在此浓度范围内能够准确地定量测定待测物质的浓度或含量。对测定结果的精密度要求越高，相应的最佳测定范围就越小。

7.2　影响分析测试质量的因素

分析测试过程是一个专业性较强的过程，涉及很多的环节，需要有专业的人员、专业的设备、专业的实验材料、专业的技术方法及专业的实验室条件等很多要素。这些都是控制检测结果质量必不可少的重要影响因素。因此，想要获得一个高质量的检测结果，就必须要对这些因素进行有效的控制，才能达到保证检测结果质量的目的。

7.2.1　检测人员的因素

对于分析测试工作而言，所有的操作都是通过检测人员来进行的。所以，在整个分析测试过程中，检测人员起到关键性的主导作用。检测人员的专业知识、技术能力、工作态度及个人习惯都将直接影响检测结果的质量。因此，对于从事检验检测工作的人员都有一定的要求。

（1）须具备一定的专业理论知识

检测机构对每个检测项目的检验，都是遵循方法程序来操作的。检测人员在进行操作前，必须要经过专业理论知识的学习和培训，才能够理解方法的原理和操作步骤的技术要求，选择正确、合适的方法，并分析检测过程中哪些因素会对检测结果产生影响。

（2）需具备一定的专业技术能力

日常的检测工作中，经常会使用到不同的精密仪器设备，从而提高检测过程的精密度和准确度。检测人员在使用操作这些仪器的过程中，要能够准确无误地选择适合当前检测项目的检测方法和仪器设备，要能够识别出仪器设备的使用过程中，如何对影响检测结果的因素进行控制，使这些因素的影响效果在可接受的范围内。上述这些，都需要检测人员具备一定的专业技术能力，才能够完成相关的工作。

（3）需经过考核，持证上岗

检测人员在上岗前，必须要经过专业知识的考试和操作技能的考核，考试和考核均合格者才能持证上岗。检测人员的上岗证是证明其技能的资格确认，这也是实验室认可和计量认证评审中对检测机构考核必须具备的条件之一。

7.2.2 仪器设备的因素

仪器设备是检测机构检测活动最直接的工具，是重要的基础设施和关键的资源，也是检测机构技术能力的重要组成部分，它是检测机构质量方针和质量目标贯彻实施的保证条件之一。因此，检测机构应针对所开展的检测项目，依据标准要求来配备相应的检测设备，同时应对所有的仪器设备进行定期检定/校准，保证检测设备的准确可靠。

检测机构的仪器设备管理人员应做好仪器设备的检定/校准周期计划，并按计划实施，确保所有仪器设备在使用前进行检定/校准，以保证仪器设备的量值准确可靠，并对检定数据进行有效性评价。做到将检定/校准给出的校正因子应用到实际的检测工作中，这是保证检测结果准确可靠的前提。

针对某些不能溯源到国家基准的仪器设备，实验室应采取设备比对、能力验证等方法，以提供结果的满意证据。为使仪器设备处于良好的运行状态，检测机构还应根据设备本身的特点，制定仪器设备维护保养规程，指定专人定期按要求进行维护保养，并做好相应记录。

同时，检测机构应针对使用频率较高、性能不够稳定、漂移率大、经常携带运输到检测现场，以及在恶劣环境下使用的仪器设备实施期间核查，以保证其检定/校准状态的置信度。期间核查是在两次相邻检定/校准周期内进行核查，防止使用不符合技术规范要求的设备。检测机构应编制“期间核查程序”，确定核查清单，按计划和程序要求实施。同时，核查后应对数据进行分析和评价，对经分析发现仪器设备已经出现较大偏离，可能导致检测结果不可靠时，应立即停止使用，并加以明显标识，修复后的仪器设备经检定/校准合格后，才能再次投入使用，以保证检测结果的可靠。

7.2.3 材料的因素

材料，是指分析测试过程中所用的化学药品、试剂、试液、纯水机溶剂等。这些材料化学成分、物理性能、外观或内在质量等都对检测结果的质量有重要影响。化学试剂是检测分析中不可或缺的材料，种类繁多，常用的就有数百种，且包含气体、液体和固体，不少还具有易燃、易爆和剧毒等危险，如果保存不当还容易发生变质失效。因此，对化学试剂性能的了解，妥善的保存和合理的使用就显得至关重要。

不同规格的试剂纯度不同，纯度越高，制造工艺要求就越高，价格也相应提高。因此，在选用试剂时要做到既不盲目追求纯度，也不随意降低规格，做到合理选择，合理使用。此外，现在市场上试剂生产厂家林立，水平不一，采购的试剂应有分析人员对其规格、外观、包装和数量加以验收，合格者方可入库备用。

实验室用水是指用于试液配置、洗涤器皿和样品稀释定容等所用的水。实验室用水的质量对检测结果的质量来说具有特殊的重要性。因为环境监测中所测定组分的浓度常常很低，为了消除试剂和器皿中所含的待测组分和操作过程中的玷污，通常以实验室用水代替样品来进行空白实验，然后从样品测定结果中扣除空白值作为必要的校正。所以，实验用水应符合要求，其中待测物质的浓度应低于所用方法的检出限，否则将增大空白试验值及其标准偏差，从而影响实验结果的精密度和准确度。

因此，分析测试之前首先要制备出合乎要求的实验室用水。《分析实验室用水规格和试验方法》（GB/T 6682—2008）中明确了实验室用三个等级净化水的规格和相应的质量检验方法，实际工作中应根据需要选用制备不同等级的水。

7.2.4 分析测试方法的因素

分析测试方法指的是分析测试工作中对某个项目进行检验的标准化依据。为了保证在全国范围内，某个领域或某个区域范围内的检测结果具有可比性，我国对检验方法的要求规定有四个等级：第一级为国家标准，第二级为行业标准，第三级为地方标准，第四级为自定义标准。在我国实验室认证和计量认证的评审中只认可前三级标准。因此在选择方法时，需提前考虑到这个情况。

在实际分析测试过程中，一个检测项目常常有多种可以选择的分析方法，这些方法的灵敏度不同，对仪器和操作的要求也不同；而且由于方法原理不同，干扰因素也不同，甚至结果的表示含义也不尽相同。因此，当我们在选择方法时，必须考虑方法的灵敏度、选择性、稳定性等是否满足检测项目的要求。

不同的检测机构，由于分析人员的技术水平和仪器设备等条件的差异，即使使用同一个分析方法，也会出现获得的方法特性参数有差异的现象。因此，每个检测机构在选定方法后，也应进行验证，确认使用该方法的可信度。

7.2.5 检测环境的因素

环境条件的质量控制是实验室质量控制的技术细节。控制的对象是检测现场的设施和环境条件，不会对检测工作带来任何不良影响，从而保证检测数据的准确性。检测环境符合开展检测工作的各项要求，对不相容的检测活动有效隔离，采取措施防止交叉污染；对实验室实施监控，发现不符合检验标准时，要及时调整以满足标准要求，当环境条件危及检测结果时，应停止检测。

7.3 常用的分析测试质量控制方式

7.3.1 实验室内部质量控制

7.3.1.1 空白试验

每批次样品分析时，应进行空白试验，分析测试空白样品。分析测试方法有规定的，按分析测试方法的规定进行；分析测试方法无规定时，要求每批样品或每20个样品应至少做1次空白试验。

空白样品分析结果一般应低于方法检测限。若空白分析结果低于方法检出限，则可忽略不计，该空白试验评价结果为合格；若空白分析结果略高于方法检出限，进行多次重复试验，结果均比较稳定，该空白试验结果评价也为合格，分析人员需计算空白样品分析测试结果平均值并从样品分析测试结果中扣除；若空白分析结果明显超过正常值，则该空白试验评价结果为不合格，实验室应查找原因并采取适当的纠正和预防措施，并重新对样品进行分析。空白试验检查记录表见本章附录的附表7A.1。

7.3.1.2 定量校准

(1) 标准物质

分析仪器校准应首先选用有证标准物质。但当没有合适有证标准物质时，也可用高纯度、性质稳定的化学试剂直接配制仪器校准用标准溶液。

(2) 校准曲线

采用校准曲线法进行定量分析时，校准曲线的绘制应严格按照有关技术规定的要求执行。一般应至少使用 5 个浓度梯度的标准溶液（除空白外），覆盖被测样品的浓度范围。分析测试方法有规定时，按分析测试方法的规定进行；分析测试方法无规定时，校准曲线相关系数要求为 $r>0.999$。分析人员在进行自我控制时，可与过去所绘制的校准曲线斜率、截距、空白大小等进行比较，判断是否正常。校准曲线不合格，不能使用。

(3) 仪器稳定性检查

连续进样分析时，每分析测试 20 个样品，应测定一次校准曲线中间浓度点，确认分析仪器校准曲线是否发生显著变化。分析测试方法有规定的，按分析测试方法的规定进行；分析测试方法无规定时，无机检测项目分析测试相对偏差应控制在 10% 以内，有机检测项目分析测试相对偏差应控制在 20% 以内，超过此范围时需要查明原因，重新绘制校准曲线，并重新分析测试该批次全部样品。

7.3.1.3 精密度控制

每批次样品分析时，每个检测项目均须进行平行双样分析。在每批次分析样品中，应随机抽取 5% 的样品进行平行双样分析；当批次样品数<20 时，应至少随机抽取 2 个样品进行平行双样分析。

平行双样分析应由实验室质量管理人员将平行双样以密码编入分析样品中交检测人员进行分析测试。

平行双样的精密度合格与否通过计算平行双样测定值（A，B）的相对偏差（RD）是否在允许范围内来判断。相对偏差（RD）在允许范围内，则该平行双样的精密度控制为合格，否则为不合格。RD 计算公式如下：

$$\mathrm{RD}(\%)=\frac{|A-B|}{A+B}\times 100$$

式中，RD 为相对偏差；A、B 分别为平行双样的实测值。

土壤和地下水样品中检测项目平行双样分析测试精密度允许范围分别如表 7.1 和表 7.2所示，土壤和地下水样品中其他检测项目平行双样分析测试精密度控制范围参见表 7.3 和表 7.4。

若 A、B 两个实测值落在两个不同的评价区域，按照实测值数据较大所对应区域的标准执行，也就是按照精密度和准确度要求较高的标准来执行。

平行双样分析测试合格率按每批同类型样品中单个检测项目进行统计，计算公式如下：

$$\text{合格率}(\%)=\frac{\text{合格样品数}}{\text{总分析样品数}}\times 100$$

平行双样分析测试结果检查记录表见附表 7A. 2，平行双样分析合格率检查记录表见附表 7A. 3。对平行双样分析测试合格率要求达到 95%。当平行双样测定合格率小于 95%

时，应查明产生不合格结果的原因，采取适当的纠正和预防措施，除对不合格结果重新分析测试外，应再增加5%～15%的平行双样分析比例，直至总合格率达到95%。

表7.1　土壤样品中主要检测项目分析测试精密度和准确度允许范围

检测项目	含量范围（mg/kg）	精密度		准确度	
		室内相对偏差（%）	室间相对偏差（%）	加标回收率（%）	相对误差（%）
总镉	<0.1	35	40	75～110	±40
	0.1～0.4	30	35	85～110	±35
	>0.4	25	30	90～105	±30
总汞	<0.1	35	40	75～110	±40
	0.1～0.4	30	35	85～110	±35
	>0.4	25	30	90～105	±30
总砷	<10	20	30	85～105	±30
	10～20	15	20	90～105	±20
	>20	10	15	90～105	±15
总铜	<20	20	25	85～105	±25
	20～30	15	20	90～105	±20
	>30	10	15	90～105	±15
总铅	<20	25	30	80～110	±30
	20～40	20	25	85～110	±25
	>40	15	20	90～105	±20
总铬	<50	20	25	85～110	±25
	50～90	15	20	85～110	±20
	>90	10	15	90～105	±15
总锌	<50	20	25	85～110	±25
	50～90	15	20	85～110	±20
	>90	10	15	90～105	±15
总镍	<20	20	25	80～110	±25
	20～40	15	20	85～110	±20
	>40	10	15	90～105	±15

表7.2　地下水样品中主要检测项目分析测试精密度和准确度允许范围

检测项目	含量范围（mg/L）	精密度		准确度	
		室内相对偏差（%）	室间相对偏差（%）	加标回收率（%）	相对误差（%）
总镉	<0.005	15	20	85～115	±15
	0.005～0.1	10	15	90～110	±10
	>0.1	8	10	95～115	±10

续表

检测项目	含量范围（mg/L）	精密度		准确度	
		室内相对偏差（%）	室间相对偏差（%）	加标回收率（%）	相对误差（%）
总汞	<0.001	30	40	85～115	±20
	0.001～0.005	20	25	90～110	±15
	>0.005	15	20	90～110	±15
总砷	<0.05	15	25	85～115	±20
	≥0.05	10	15	90～110	±15
总铜	<0.1	15	20	85～115	±15
	0.1～1.0	10	15	90～110	±10
	>1.0	8	10	95～105	±10
总铅	<0.05	15	20	85～115	±15
	0.05～1.0	10	15	90～110	±10
	>1.0	8	10	95～105	±10
六价铬	<0.01	15	20	90～110	±15
	0.01～1.0	10	15	90～110	±10
	>1.0	5	10	90～105	±10
总锌	<0.05	20	30	85～120	±15
	0.05～1.0	15	20	90～110	±10
	>1.0	10	15	95～105	±10
氟化物	<1.0	10	15	90～110	±15
	≥1.0	8	10	95～105	±10
总氰化物	<0.05	20	25	85～115	±20
	0.05～0.5	15	20	90～110	±15
	>0.5	10	15	90～110	±15

表 7.3　土壤样品中其他检测项目分析测试精密度与准确度允许范围

监测项目	含量范围	最大允许相对偏差（%）	加标回收率（%）	适用的分析方法
无机元素	≤10MDL	30	80～120	AAS、ICP-AES、ICP-MS
	>10MDL	20	90～110	
挥发性有机物	≤10MDL	50	70～130	GC、GC-MSD
	>10MDL	25		
半挥发性有机物	≤10MDL	50	60～140	GC、GC-MSD
	>10MDL	30		
难挥发性有机物	≤10MDL	50	60～140	GC-MSD
	>10MDL	30		

注：MDL 为方法检测限；AAS 为原子吸收法；ICP-AES 为电感耦合等离子体发射光谱法；ICP-MS 为电感耦合等离子体质谱法；GC 为气相色谱法；GC-MSD 为气相色谱质谱法。

表 7.4　地下水样品中其他检测项目分析测试精密度与准确度允许范围

监测项目	含量范围	最大允许相对偏差（%）	加标回收率（%）	适用的分析方法
无机元素	≤10MDL	30	70～130	AAS、ICP-AES、ICP-MS
	>10MDL	20		
挥发性有机物	≤10MDL	50	70～130	HS/PT-GC、HS/PT-GC-MSD
	>10MDL	30		
半挥发性有机物	≤10MDL	50	60～130	GC、GC-MSD
	>10MDL	25		
难挥发性有机物	≤10MDL	50	60～130	GC-MSD
	>10MDL	25		

注：MDL 为方法检测限；AAS 为原子吸收法；ICP-AES 为电感耦合等离子体发射光谱法；ICP-MS 为电感耦合等离子体质谱法；HS/PT-GC 为顶空/吹扫补集–气相色谱法；HS/PT-GC-MSD 为顶空/吹扫补集–气相色谱质谱法；GC 为气相色谱法；GC-MSD 为气相色谱质谱法。

7.3.1.4　准确度控制

(1) 使用有证标准物质

当具备与被测土壤、农产品地下水样品基体相同或类似的有证标准物质时，应在每批次样品分析时同步均匀插入与被测样品含量水平相当的有证标准物质样品进行分析测试。每批次同类型分析样品要求按样品数 5% 的比例插入有证标准物质样品；当批次分析样品数<20 时，应至少插入 1 个有证标准物质样品。

有证标准物质准确度控制合格与否通过计算有证标准物质样品的测试结果（X）与有证标准物质认定值（或标准值）（μ）的相对误差（RE）是否在允许范围内来判断。若 RE 在允许范围内，则对该标准物质样品分析测试的准确度控制为合格，否则为不合格。RE 计算公式如下：

$$\mathrm{ER}(\%)=\frac{X\times\mu}{\mu}\times 100$$

有证标准物质检测结果检查记录表见附表 7A.4，准确度控制合格率检查记录表见附表 7A.5。土壤和地下水标准物质样品中主要检测项目 RE 允许范围分别见表 7.1 和表 7.2，土壤和地下水标准物质样品中其他检测项目 RE 允许范围可参照标准物质证书给定的扩展不确定度确定。

对有证标准物质样品分析测试合格率要求应达到 100%。当出现不合格结果时，要求检测实验室查明原因，采取适当的纠正和预防措施，并对该标准物质样品及与之关联的详查送检样品重新进行分析测试。

(2) 加标回收率试验

当没有合适的土壤或地下水基体有证标准物质时，应采用基体加标回收率试验对准确度进行控制。每批次同类型分析样品中，应随机抽取 5% 的样品进行加标回收率试验；当批次分析样品数<20 时，应至少随机抽取 1 个样品进行加标回收率试验。此外，在进行有机污染物样品分析时，最好能进行替代物加标回收率试验。

基体加标和替代物加标回收率试验应在样品前处理之前加标，加标样品与试样应在相同的前处理和分析条件下进行分析测试。加标量可视被测组分含量而定，含量高的可加入被测组分含量的 0.5 ~ 1.0 倍，含量低的可加 2 ~ 3 倍，但加标后被测组分的总量不得超出分析测试方法的测定上限。

若基体加标回收率在规定的允许范围内，则该加标回收率试验样品的准确度控制为合格，否则为不合格。土壤和地下水样品中主要检测项目基体加标回收率允许范围见表 7.1 和表 7.2，土壤和地下水样品中其他检测项目基体加标回收率允许范围见表 7.3 和表 7.4。准确度控制合格率检查记录表见附表 7A.5，加标回收率试验结果检查记录表见附表 7A.6。

对基体加标回收率试验结果合格率的要求应达到 100%。当出现不合格结果时，将要求检测实验室查明原因，采取适当的纠正和预防措施，并对该批次样品重新进行分析测试。

(3) 绘制准确度控制图

准确度控制图可通过多次分析测试所用质控样品获得的均值（$\bar{x}$）与标准偏差（s）进行绘制，即在 95% 的置信水平，以 $\bar{x}$ 作为中心线、$\bar{x}\pm2s$ 作为上下警告线、$\bar{x}\pm3s$ 作为上下控制线绘制。

每批样品分析所带质控样品的测定值落在中心线附近、上下警告线之内，则表示分析正常，此批样品分析结果可靠；当测定值落在上下控制线之外，表示分析失控，分析结果不可信，应检查原因，采取纠正措施后重新分析测试；当测定值落在上下警告线和上下控制线之间，表示分析结果虽可接受，但有失控倾向，应予以注意。

7.3.1.5 异常样品复检

每批次送检土壤样品分析测试完毕后，实验室应对该批次样品的分析测试结果按检测项目进行稳健统计，计算该批次样品的检测中位值，并对分析测试结果高于中位值 5 倍以上或低于中位值 1/5 的异常样品进行复检。若统计后发现需复检样品数较多时，可只对其中部分样品进行抽检，要求复检抽查样品数应达到该批次送检样品总数的 10%。

每批产品样品分析完毕后，实验室应对检测结果超过评价标准限值的所有样品进行复检。

对复检样品，应按精密度控制的有关要求统计计算复检合格率。计算复检合格率，要求应达到 95%。当复检合格率小于 95% 时，按 7.4.1.3 相关规定进行处理。

异常样品复检记录详见附表 7A.7，异常样品复检率记录详见附表 7A.8。

7.3.1.6 数据记录与审核

检测实验室应保证分析测试数据的完整性，确保全面、客观地反映分析测试结果，不得选择性地舍弃数据，人为干预分析测试结果。

检测人员应对原始数据和报告数据进行校核。对发现的可疑报告数据，应与样品分析测试原始记录进行校对。

分析测试原始记录应有检测人员和审核人员的签名。检测人员负责填写原始记录；审核人员应检查数据记录是否完整、抄写或录入计算机时是否有误、数据是否异常等，并考虑以下因素：分析方法、分析条件、数据的有效位数、数据计算和处理过程、法定计量单位和内部质量控制数据等。

审核人员应对数据的准确性、逻辑性、可比性和合理性进行审核。

7.3.1.7 结果的表示

建设用地土壤环境调查样品分析测试结果应按照分析方法规定的有效数字和法定计量单位进行表示。

密码平行样品的分析测试结果在允许范围内时，用其平均值报告检测结果。

一组分析数据用 Grubbs、Dixon 检验法剔除离群值后以平均值报告分析测试结果。

分析测试结果低于方法检出限时，用“ND”表示，并注明“ND”表示未检出，同时给出本实验室的方法检出限值。需要时，应给出分析测试结果的不确定度范围。

7.3.2 实验室外部质量控制

7.3.2.1 检测实验室能力评估

确定采样调查地块布点采样方案后，可参考布点采样方案指定的检测项目和检测实验室拟选用的分析方法，以及相关国家和地方法规规章的要求，对检测实验室进行能力评估。评估内容包括以下几个方面。

1）检测实验室是否具有土壤和水质检测项目的 CMA 资质，其适用范围是否包含承担任务涉及检测项目的样品类型。

2）检测实验室的检测能力是否达到检测项目的 70% 以上，若因无检测能力而进行分包，分包方是否具有相应检测项目的 CMA 资质。

3）是否按照国家标准、行业标准、国际标准和区域标准的优先级顺序选择分析测试方法。

4）是否对检测任务涉及的所有检测项目均进行了验证，并形成报告，附验证全过程的原始记录，保证方法验证过程的可追溯性。

5）验证工作是否符合方法标准和《环境检测 分析方法标准修订技术导则》（HJ 168—2010）等相关标准要求。

6）方法验证报告是否覆盖了样品保存、前处理、检测分析和数据处理等过程，是否覆盖了人员技术能力、设施和环境条件、仪器设备、试剂耗材和标准物质等内容。

7）各检测项目分析测试方法的检出限是否满足筛选值的要求，土壤污染物筛选值优先采用《土壤环境质量 建设用地土壤污染风险管控标准（试行）》（GB 36600—2018），地下水污染物筛选值优先采用《地下水质量标准》（GB/T 14848—2017）中Ⅲ类标准，《地下水质量标准》（GB/T 14848—2017）没有涉及的污染物，参照《生活饮用水卫生标准》（GB 5749—2006）。上述土壤和地下水环境标准中未涉及的污染物，可参考国内外相关标准，也可按照《污染场地风险评估技术导则》（HJ 25. 3—2014）的计算方法制定筛选值，但应列出制定筛选值所选择的暴露途径、迁移模型和参数值。

8）是否选取不少于一种可检出的实际样品进行测定，选择的样品类型是否与承担任务相匹配（如承担任务为土壤、地下水，方法验证工作中实际样品类型也需一致）。

9）是否具有固定的样品保存、样品制备和样品分析场所，并且场地条件与承担样品量规模相匹配。

10）是否具有检测方法中要求的前处理和检测分析仪器设备，并且数量满足承担任务量需求。

11）是否安排备用仪器设备，以应对主要仪器设备出现故障等突发情况。

12）土壤与地下水样品，挥发性有机物与半挥发性有机物样品的保存、制备、前处理及检测分析场所是否能有效隔离。

13）抽查承担任务涉及的检测仪器工作站中的电子谱图与数据，判断是否与提交的方法验证材料相符合。

14）检查工作站中电子档案的保存管理情况，检查分类是否合理，标识命名是否清晰，查找是否便捷，是否存在丢失、混淆等情况。

上述评估内容，应在调查报告中予以分析说明。

7. 3. 2. 2　分析测试现场检查

样品分析测试阶段，可对检测实验室的分析测试现场进行质量检查，主要检查以下几个方面内容。

1）样品测试使用的方法是否与布点采样方案中指定的方法一致。

2）样品的检测项目是否与布点采样方案中指定的检测项目一致。

3）分析测试现场环境是否符合测试要求。

4）检测人员是否持证上岗，各项操作是否符合相关技术规定。

5）分析测试使用的仪器是否在有效检定期内。

分析测试现场检查结果记录见附表7B.1。

7.3.2.3　现场平行样

现场平行样是指在采样现场选定某个样品，现场采集两份，并对两份样品进行加密后送往实验室进行检测。必要时，可同时采集三份样品，加密后其中两份送往检测实验室进行分析测试，另一份送往其他实验室进行分析测试，测试完成后可通过检测数据进行实验室间的数据结果比对。

现场平行样考核的不仅仅是分析过程对结果的影响，同时还包含了运输及交接过程对结果的影响。

7.3.2.4　现场平行样结果判定原则

当两个土壤样品比对分析结果均小于等于第一类筛选值，或均大于第一类筛选值且小于等于第一类管制值，或均大于第一类管制值时，判定比对结果合格；否则应比较两个比对分析结果的相对偏差（RD），在最大允许相对偏差范围内为合格，其余为不合格。

当两个地下水样品比对分析结果均小于等于地下水质量Ⅲ类标准限值，或均大于地下水质量Ⅲ类标准限值时，判定比对结果合格；否则应比较两个比对分析结果的相对偏差（RD），在最大允许相对偏差范围内为合格，其余为不合格。

现场采集的两份土壤或地下水平行样品，加密后送往检测实验室，开展实验室内现场平行分析，获得检测结果A和B及算术平均值C，对于开展实验室间比对分析，第3份样品送比对实验室的，则可获得检测结果D。

实验室内相对偏差计算公式：$RD(\%)=(A-B)/(A+B)\times100$

实验室间相对偏差计算公式：$RD(\%)=(C-D)/(C+D)\times100$

根据以下方式对检测结果（A、B、C、D）分别进行判定。

（1）土壤样品

1）无机污染物（7项）。

a. 实验室内平行分析结果（A和B）比对原则

A和B均小于等于第一类筛选值，或均大于第一类筛选值且小于等于第一类管制值，或均大于第一类管制值时，判定比对结果合格；否则应比较两个比对分析结果的相对偏差（RD），若RD小于等于30%，比对结果为合格，其余为不合格。

b. 实验室间平行分析结果（C和D）比对原则

C和D均小于等于第一类筛选值，或均大于第一类筛选值且小于等于第一类管制值，或均大于第一类管制值时，判定比对结果合格；否则应比较两个比对分析结果的相对偏差（RD），若RD小于等于35%，比对结果为合格，其余为不合格。

2）挥发性有机污染物（27 项）。

a. 实验室内平行分析结果（A 和 B）比对原则

A 和 B 均小于等于第一类筛选值，或均大于第一类筛选值且小于等于第一类管制值，或均大于第一类管制值时，判定比对结果合格；否则应比较两个比对分析结果的相对偏差（RD），若 RD 小于等于 50%，比对结果为合格，其余为不合格。

b. 实验室间平行分析结果（C 和 D）比对设置

C 和 D 均小于等于第一类筛选值，或均大于第一类筛选值且小于等于第一类管制值，或均大于第一类管制值时，判定比对结果合格；否则应比较两个比对分析结果的相对偏差（RD），若 RD 小于等于 50%，比对结果为合格，其余为不合格。

3）半挥发性有机污染物（11 项）。

a. 实验室内平行分析结果（A 和 B）比对设置

A 和 B 均小于等于第一类筛选值，或均大于第一类筛选值且小于等于第一类管制值，或均大于第一类管制值时，判定比对结果合格；否则应比较两个比对分析结果的相对偏差（RD），若 RD 小于等于 40%，比对结果为合格，其余为不合格。

b. 实验室间平行分析结果（C 和 D）比对设置

C 和 D 均小于等于第一类筛选值，或均大于第一类筛选值且小于等于第一类管制值，或均大于第一类管制值时，判定比对结果合格；否则应比较两个比对分析结果的相对偏差（RD），若 RD 小于等于 50%，比对结果为合格，其余为不合格。

（2）地下水样品

1）无机污染物。

a. 实验室内平行分析结果（A 和 B）比对原则

A 和 B 均小于等于或大于地下水Ⅲ类标准限值（S），比对结果为合格；

A 和 B 中一个大于 S，一个小于等于 S，计算 RD，若 RD 小于等于 30%，比对结果为合格，否则为不合格。

b. 实验室间平行分析结果（C 和 D）比对原则

C 和 D 均小于等于或大于 S，比对结果为合格；

C 和 D 中一个大于 S，一个小于等于 S，计算 RD，若 RD 小于等于 40%，比对结果为合格，否则为不合格。

2）挥发性有机污染物/半挥发性有机污染物。无地下水标准限值的项目暂不进行比对结果判定，有地下水标准限值的项目判定方法如下。

a. 实验室内平行分析结果（A 和 B）比对原则

A 和 B 均小于等于或大于 S，比对结果为合格；A 和 B 中一个大于 S，一个小于等于 S，计算 RD，若 RD 小于或等于 40%，比对结果为合格，否则为不合格。

b. 实验室间平行分析结果（C 和 D）比对原则

C 和 D 均小于等于或大于 S，比对结果为合格；C 和 D 中一个大于 S，一个小于等于 S，计算 RD，若 RD 小于或等于 50%，比对结果为合格，否则为不合格。

7.3.2.5　统一监控样或现场加标的考核

统一监控样为统一购置的有证标准物质，其量值（或含量水平）与当地土壤的含量值范围相近，统一监控样中考核参数的确定，需从土壤环境详细调查中需要检测的参数中进行选择，每轮考核可选择不同的几个参数，每个统一监控样的样品量仅限检测 1 次。

样品加标回收率考核详见 7.4.1 节。样品加标回收率考核记录表、样品加标回收率结果确认表和统一监控样结果审核确认单见附表 7B.2、附表 7B.3 和附表 7B.4。

7.3.2.6　留样复检

检测实验室应按照相关技术规定要求妥善保存已完成检测的留存样品或有机样品提取液。必要时，对于稳定的、已检测过的留存样品，只要其仍在规定的保存期内，可要求实验室重新进行检测，并按精密度的有关要求统计计算留样复检合格率。实验室单个项目留样复检合格率要求应达到 95%。

7.4　本章附录

附表 7A.1 ~ 附表 7A.8 为样品分析测试质量控制管理表格；附表 7B.1 ~ 附表 7B.4 为样品考核记录表格。

附表 7A.1　空白试验检查记录表

检测实验室（盖章）：　　　　　　　　　　　　　　　　　　　审核员：

检测日期	样品类型	样品编号	检测项目	分析方法	检出限	空白试验结果	结果评价	检测人员

附表 7A.2　平行双样分析测试结果检查记录表

检测实验室（盖章）：　　　　　　　　　　　　　　　　　　　　　　　　审核员：

检测日期	样品类型	实验室样品编号	检测项目	检测值 A	检测值 B	相对偏差 RD	结果评价

附表 7A.3　平行双样分析合格率检查记录表

检测实验室（盖章）：　　　　　　　　　　　　　　　　　　　　　　　　审核员：

报告日期	样品类型	检测项目	批样品数	合格样品数	合格率

附表 7A.4　有证标准物质检测结果检查记录表

检测实验室（盖章）：　　　　　　　　　　　　　　　　　　　　　　　　审核员：

检测日期	样品类型	检测项目	标准物质编号	标准值及其不确定度	保证值范围	检测结果	结果评价	检测人员

附表 7A.5 准确度控制合格率检查记录表

检测实验室（盖章）： 审核员：

日期	控制方式	检测项目	批样品数	合格样品数	合格率

附表 7A.6 加标回收率试验结果检查记录表

检测实验室（盖章）： 审核员：

监测日期	样品类型	检测项目	样品编号	加标量	检测结果		加标回收率	结果评价	检测人员
					样品	加标样品			

附表 7A.7 异常和临界分析结果的抽检登记表

检测实验室（盖章）：

检测日期	样品编号	检测项目	检测值 A	检测值 B	相对偏 RD	检测人员	结果评价

检查日期： 检查者：

附表 7A.8　异常和临界分析结果的复检率登记表

检测实验室（盖章）：

检测项目	总样品数	异常/临界样品数	重复检测样品数	复检率

检查日期：　　　　　　　　　　　　　　　　　　　　　　　　检查者：

附表 7B.1　分析测试现场操作质量控制检查登记表

检测实验室（盖章）：

<table>
<tr><th>测试项目</th><th>测试方法</th><th>测试人员</th><th>测试环境</th><th>前处理方法</th><th>分析仪器</th></tr>
<tr><td></td><td></td><td></td><td></td><td></td><td></td></tr>
<tr><td></td><td></td><td></td><td></td><td></td><td></td></tr>
<tr><td>发现的问题
及处理意见</td><td colspan="5">检查人：</td></tr>
<tr><td>改进情况</td><td colspan="5">整改人：</td></tr>
</table>

检查日期：　　　　　　检查者：

附表 7B.2　样品加标回收率考核记录表

<table>
<tr><td colspan="6">标准溶液信息</td></tr>
<tr><td>标准溶液名称</td><td colspan="2"></td><td>标准溶液来源</td><td colspan="2"></td></tr>
<tr><td>批号</td><td></td><td>有效期</td><td></td><td>基体</td><td></td></tr>
<tr><td colspan="6">标准溶液（中间液、稀释液）配置过程</td></tr>
<tr><td>标液浓度</td><td colspan="2">稀释过程</td><td>稀释后浓度</td><td>稀释液编号</td><td>配置人/日期</td></tr>
<tr><td rowspan="3"></td><td>吸取体积（　　）</td><td></td><td rowspan="3"></td><td rowspan="3"></td><td rowspan="3"></td></tr>
<tr><td>定容体积（　　）</td><td></td></tr>
<tr><td>稀释介质</td><td></td></tr>
<tr><td rowspan="3"></td><td>吸取体积（　　）</td><td></td><td rowspan="3"></td><td rowspan="3"></td><td rowspan="3"></td></tr>
<tr><td>定容体积（　　）</td><td></td></tr>
<tr><td>稀释介质</td><td></td></tr>
</table>

续表

标液浓度	稀释过程		稀释后浓度	稀释液编号	配置人/日期
	吸取体积（　　）				
	定容体积（　　）				
	稀释介质				
	吸取体积（　　）				
	定容体积（　　）				
	稀释介质				

加标过程

加标样编号	加标液编号	加标液浓度	检测项目	加标人/日期

样品测试单位：

样品接收人：

样品接收日期：

附表 7B.3　样品加标回收率结果确认表

加标回收率结果					
加标日期	检测项目	加标样编号	加标体积	原样含量/浓度	加标检测结果

加标回收率计算过程				
加标样编号	加标浓度	加标量	回收率结果	合格率范围
记录人及日期			复核人及日期	
备注	报告编号			

附表 7B.4　统一监控样结果审核确认单

考核样测试实验室名称：

联系人：

样品名称	检测方法信息				方法检出限
测试结果	被测组分	样品编号	测定结果	可接受范围	结果判定

检测结果审核人：　　　　　　　　　　　　　　　　　　　　审核时间：

附件材料：

8

典型案例

粤港澳大湾区位于我国东南部，是改革开放的前沿，早期在工业化的基础上高速发展，现处于由工业经济向服务经济转型升级的阶段[34]，区域内关停并转企业地块数量庞大，因土地资源紧张造成再开发利用的需求强烈。由于粤港澳大湾区的“2 区 9 市”地缘相近，其土壤特性和水文地质特性等自然条件和城市化进程、经济发展相似。因而，建设用地地块的土壤污染状况调查及质量管理制度体系上具有互通性。

粤港澳大湾区以三角洲平原和低山丘陵为主，属亚热带季风气候，雨量充沛，地表水系发达，地下水埋深浅，地表水和地下水交互频繁，水文地质条件比较复杂。该区工业起步早，工业化程度高，遗留地块历史悠久，相比于其他地区，其污染地块更为密集[35]。同时，土地资源紧张造成再开发利用的需求强烈，建设用地土壤环境调查的任务紧迫，调查数据的真实性、准确性、可靠性成为评估土壤安全利用的重中之重。

8.1 案例背景

案例项目来源于粤港澳大湾区的深圳市。深圳市全面贯彻落实《国务院关于印发〈土壤污染防治行动计划〉的通知》（国发〔2016〕31 号）和《关于印发〈广东省土壤污染状况详查实施方案〉的通知》（粤环〔2018〕4 号）要求，在生态环境部和省生态环境厅的指导下，结合深圳市实际情况，于 2017 年 1 月 11 日，深圳市发布《深圳市人民政府办公厅关于印发〈深圳市土壤环境保护和质量提升工作方案〉的通知》（深府办〔2016〕36 号）（简称“深土四十条”），文件明确提出以电镀、线路板、铅酸蓄电池、制革、印染、化工、医药、危险化学品储运等行业企业（以下称重点行业企业）及污水处理厂、垃圾填埋场、垃圾焚烧厂、危险废物及污泥处理处置设施等市政设施（以下称环境基础设施）为重点，开展重点行业企业及环境基础设施用地土壤环境质量调查。2017 年底前，完成重点行业企业用地基础信息调查和风险筛查，确定需进行采样调查的土壤环境重点监管企业名单。2018 年底前，基本完成重点监管企业土壤环境质量调查工作。每 2 年对土壤环境重点监管企业名单进行动态更新。

根据《关于印发〈重点行业企业用地调查质量保证与质量控制技术规定（试行）〉的通知》（环办土壤函〔2017〕1896 号）和《广东省重点行业企业用地调查质保证与质量控制工作方案》（粤环函〔2018〕637 号），深圳市开展了重点行业企业用地基础信息收集和初步采样调查，基本摸清土壤环境质量状况及污染地块分布，初步掌握污染地块土壤环境质量风险等级，建立污染地块清单和优先管控名录，高质量按期完成了重点行业企业用地土壤环境质量调查任务。

深圳市重点行业企业用地初步采样调查（以下简称“深圳市企业用地调查”）以“市级生态环境主管部门牵头，其他相关部门联动，区级生态环境主管部门配合，专业机构行动落实，相关企业现场协助，专家队伍保驾护航”为组织实施方式，细化项目实施技术要求，建立安全保障和应急机制，通过双周例会、挂图作战等方式倒排工期，逐个击破重点难点，全力推动调查工作。

通过此次企业用地调查，深圳市自主研发形成了一系列技术成果，培养了一大批专业技术人才，培育了若干本地技术团队，体现了深圳市先行示范、地区带动作用，对促进粤港澳大湾区土壤环境管理，保障人居环境安全具有重要意义。本案例引用深圳市企业用地调查工作，对土壤调查质量控制管理的具体实施进行阐述。

8.2 建立质量管理组织体系

深圳市企业用地调查由深圳市生态环境局统一组织实施，委托专业机构开展企业用地调查工作，印发实施方案，明确工作内容及实施保障，建立调查工作协调和定期调度机制，积极联动相关部门。调查工作的质量控制管理采取市级质量管理和内部质量管理相结合的方式，实施全过程质量监督管理，确保各项工作按时高质量完成。

8.2.1 市级质量管理

市级质量控制单位负责组织实施深圳市企业用地调查全过程质量保证和质量控制工作，建立本市企业用地质量管理体系，制定市级质量控制工作方案。市级质量控制单位建立了由市级质量控制单位以及专家组成的质量控制队伍，充分保障了质量控制队伍的权威性、稳定性、充分性和专业性。质量控制队伍明确分工，相互协作、配合，确保调查项目按时、按质、按量完成。

市级质量控制队伍对企业用地调查过程的基础信息采集、布点采样方案、样品采集、样品保存、样品流转和制备、样品分析测试全过程实施质量管理，开展质量监督检查，对于质量检查存在的问题，要求整改，形成闭环。市级质量管理体系结构如图 8.1 所示。

8.2.2 内部质量管理

深圳市企业用地调查参与单位包括调查单位、钻探/建井单位、采样单位、检测实验

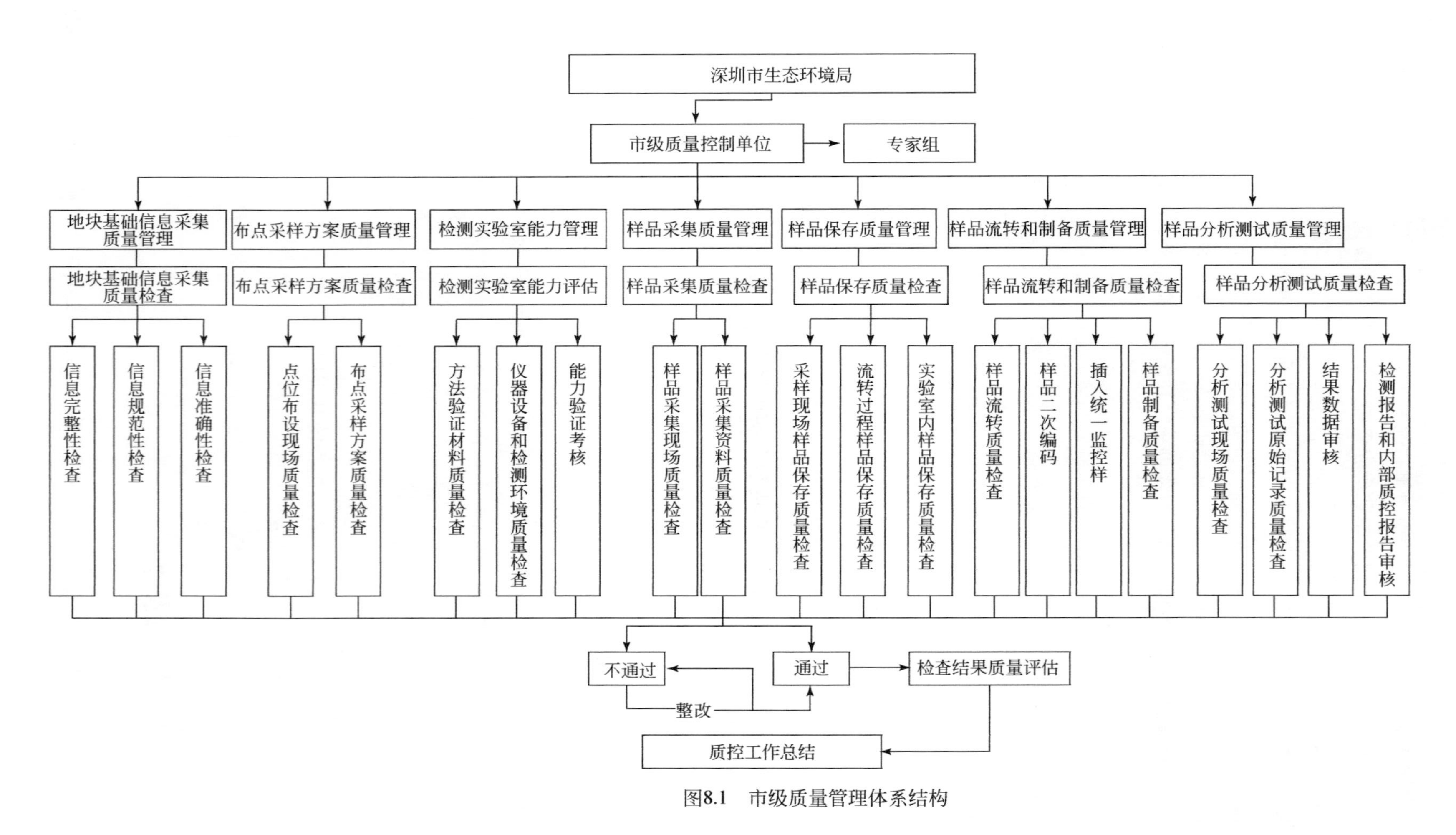

图8.1 市级质量管理体系结构

室、比对实验室等。其中，采样单位和检测实验室为同一家单位，采取采测一体化方式。各单位参与不同工作环节，成立各工作小组以及质量控制组，各工作小组对自身工作进行自审，各单位质量控制组进行内审，对于质量检查存在的问题，要求整改，形成闭环。建立健全质量审核制度，实现对基础信息调查、点位布设、样品采集、样品流转与保存、样品制备、样品分析测试、数据上报与审核等全过程的质量保证与质量控制。内部质量管理体系结构如图 8.2 所示。

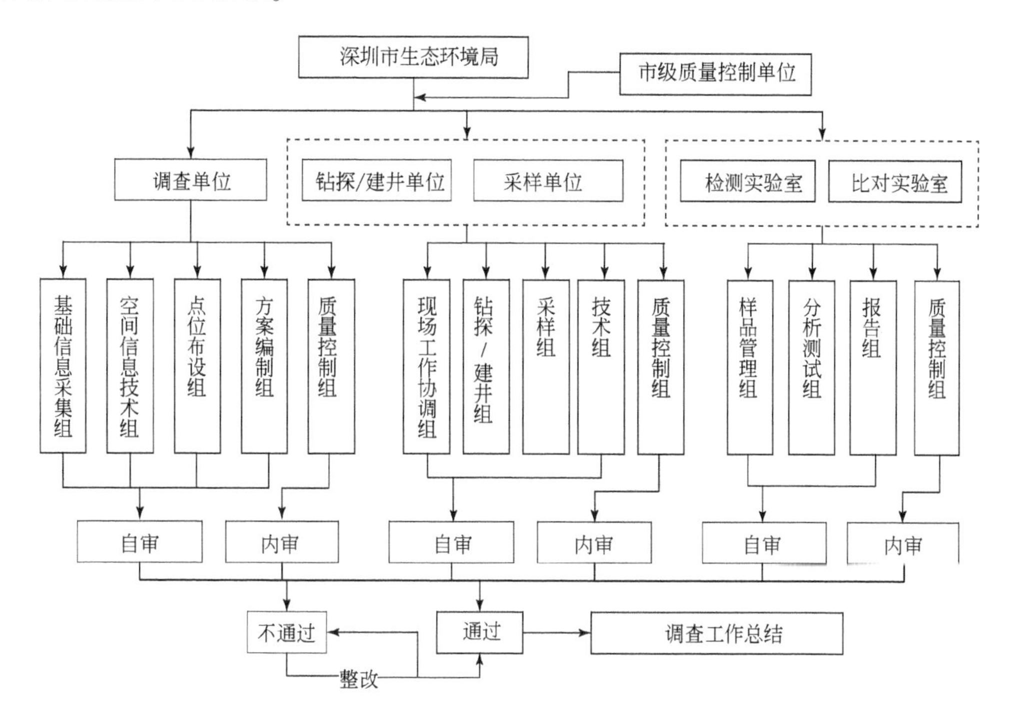

图 8.2　内部质量管理体系结构

8.3　建立质量管理工作机制

8.3.1　工作调度机制

为全面落实深圳市企业用地调查的工作目标，深圳市生态环境局领导挂帅，亲自部署和指挥，建立双周调度机制，定期召开项目例会，详细了解各项工作进展情况，协调解决工作推进过程中遇到的困难和瓶颈，坚持问题导向，对存在的突出困难问题、出现的新情况及新变化制定下一步针对性协调解决的具体措施和办法，必要时及时协调省、部相关专家；针对下一步工作计划，细化进度安排、时间节点、责任单位，以月保季、以季保年，对重点任务的关键环节，如完成信息采集填报、现场样品采集等多项工作，联合各参与单位采用倒排工期，周调度乃至日调度组织管理方式确保项目进度如期完成，会后以会议纪要的方式确保各责任单位目标明确。

8.3.2 信息沟通机制

建立直通街道的企业用地调查联络员机制，确保每个企业地块调查都有基层工作人员对接，及时协调企业解决调查遇到的问题，提高企业配合度。

参与调查的各技术团队之间建立无缝对接机制，实施组长负责制，通过微信工作群、共享文档、技术交底会、现场会等多种方式，及时沟通，强化合作，提高工作效率。

8.3.3 专家队伍会商机制

深圳市充分利用广东省重点行业企业用地详查专家库及深圳市土壤环境保护专家库资源，在重点行业企业资料收集与分析、企业产排污特征分析、重点行业企业点位布设、现场采样、样品分析检测等多项工作过程中提供专业的咨询和建议。在项目推进过程中，组织多场专家咨询/评审会，邀请相关专业资深专家为项目工作进行指导及质量检查，讨论重（难）点问题及解决方案，确保项目高质量高效率地完成。

8.3.4 问题反馈与整改机制

监督检查过程中发现的问题，质量检查组提出整改意见并在整改意见单中清晰描述，任务承担单位整改后需获得质量检查人员确认，并在整改回复单上签字，形成闭环。同时，任务承担单位针对检查意见，举一反三，开展自查，一并整改，保证工作整体质量。

检查过程中若发现质量控制措施未落实、资料造假、数据严重失实等重大质量问题，市级质量控制单位要及时采取相应监管措施，保障工作的质量和进度，并监督承担单位开展下一步工作。

8.3.5 可疑数据和问题数据溯源分析机制

任务承担单位对分析过程中发现的可疑数据及问题数据，先由分析人员自审谱图、分析报告表等基本信息填报，再由审核人员核查同批次样品的内部质量控制措施，经确认无误后，提交至终审人员，由终审人员复核样品状态、现场原始记录与检测数据的一致性，必要时发起复核或复测，复测分析过程同步带入盲样考核、加标考核等质量控制手段。

市级质量控制单位发现的可疑数据或问题数据，由分析实验室自查，复测有效期内的样品，必要时采取与比对实验室交叉复测或交由第三方实验室复测，直至确定原因，报出正确、真实、有效的数据。

8.4 基础信息调查质量控制

重点行业企业用地基础信息采集工作包括：一是通过资料收集、现场踏勘和人员访谈的方式收集地块信息；二是核实、分析所收集的信息，填报重点行业企业地块信息调查表。为满足风险筛查与分级、初步采样调查、日常管理需求，需收集的地块信息主要包括企业基本信息、污染源信息、迁移途径信息、敏感受体信息、地块已有的环境调查与监测信息[18]。地块基础信息采集质量检查内容包括以下几个方面。

1）信息完整性检查：调查表是否按照技术规定要求填写了所有信息项，若有填写缺项须说明原因。

2）信息规范性检查：调查表是否按照技术规定的填表说明、填写规范等要求进行填写。

3）信息准确性检查：填报信息是否通过现场踏勘、人员访谈等有效途径获得，是否与污染源普查、环境统计报表、企业排污申报或排污许可证等资料信息中内容相符，当有多个信息来源时，核实是否采用了时效性好、可靠性高的信息。

质量检查组应依据《重点行业企业用地调查信息采集技术规定（试行)》及相关支撑材料对调查企业地块信息调查表的完整性、规范性和准确性进行质量检查，当三者均达到上述要求时，判定该地块信息采集工作合格，否则为不合格。

重点行业企业用地基础信息调查是整体调查工作的基础，后续初步采样调查的意义很大程度上取决于基础信息调查工作的质量。深圳市企业用地基础信息调查阶段的工作质量通过专家评审、市级质量控制单位审核、风险筛查等环节，通过三轮专家审核，严格把控。深圳市企业用地基础信息调查的专家成员具有深圳特色，包括水文地质专家、技术支持专家、行业专家、熟悉深圳本地企业用地历史的资质老专家（当时最高年龄 78 岁）、场调专家、环境监测专家、环境影响评价专家及清洁生产等领域的专家。深圳市级专家库充分将熟悉国家及省级技术要求、质量控制要求专家和熟悉深圳本地地块历史、行业特征等专家有机结合起来，进一步保证质量控制管理工作的规范性和准确性。

8.5 初步采样调查质量控制

8.5.1 布点采样方案质量控制

8.5.1.1 质控流程

布点采样方案阶段的质量控制主要通过以下几点来实现。

1）指定具有丰富场地经验，且熟悉疑似污染地块布点原则的技术人员作为布点小组组长，并对各布点小组成员进行培训。

2）内部确定形成统一的《点位布设现场踏勘工作要点审核表》和《布点采样方案模板》，确保布点小组编制的方案符合相关要求。

3）加强单位内审，形成问题发现与督促整改的闭环工作制度。

4）通过专家评审、市级质量控制审核的闭环工作机制，确保各个地块布点采样方案的质量。

8.5.1.2 布点小组自审

布点小组的自审主要是现场根据《点位布设现场踏勘工作要点审核表》开展，逐项核对布点时是否有遗漏的工作要点，并根据《布点采样方案模板》完成各个章节的内容。所有地块布点采样方案需100%自审。

8.5.1.3 质量控制小组内审

质量控制小组负责各地块布点采样方案的内审工作，主要审查内容包括技术细节的完整性及方案总体质量的把关。依据《重点行业企业用地调查布点技术规定》和《重点行业企业用地调查疑似污染地块布点采样方案审核工作手册》（试行）的相关要求依次审定以下内容：

1）疑似污染区域识别是否全面、准确。

2）布点区域、布点数量、布点位置、采样深度是否符合技术规定的要求。

3）不同点位样品采集类型和监测指标设置是否合理。

4）布点位置是否合理、是否经过现场确定。

5）布点记录信息表填写是否规范。

6）测试项目设置是否合理。

7）测试项目的分析测试方法是否明确及符合要求。

8）样品采集、保存流转是否符合技术规定。

内审人员需按要求填写《布点采样方案内审表》。所有地块布点采样方案需100%最终通过内审。

8.5.1.4 市级外审

为确保企业用地调查疑似污染地块布点采样的科学性和合理性，市级质量控制单位对专家评审通过的布点采样方案进行10%比例的抽查。

方案审核为形式审核，审核要点主要包括是否完成了专家组评审、是否上传专家组评审意见、是否按照专家意见进行修改。检查内容主要包括以下几个方面。

1）上传系统的方案是否为所对应地块的布点方案。

2）是否包含采样方案工作内容。

3）采样点是否经过现场核实。

4）布点信息记录表填写是否规范。

5）方案是否通过专家评审。

6）是否有经过专家组长签字确认的《布点采样方案审核意见回复单》。

7）上传的方案是否已根据评审意见进行修改。

市级质量控制单位对布点方案进行审核，审核结论分别为：①直接通过；②根据意见修改完善后经市级质量控制单位确认通过。

方案编制单位需及时提交整改回复单，市级质量控制单位确认结果及收集相关整改材料。对于布点合理性存疑、市级质量控制单位认为有必要进行现场踏勘确认的地块，由编制单位组织进行现场踏勘确认。方案编制单位需根据市级质量控制审核相关意见进行整改及回复，形成闭环工作机制。

8.5.2 样品采集质量控制

深圳市重点行业企业用地初步采样调查样品采集过程，建立了完善的“调查单位自审、内审（交叉审查）+市级质控单位外审”质量控制体系。每个调查工作小组至少由三人组成，设立采样小组长，负责采样小组的自审工作；现场的钻探、采样井建设工作和样品采集工作分别由不同的采样小组具体执行，完成自审；现场采样的内审工作由布点方案编制单位负责执行实施，实现交叉审查。这样在最大限度上保障了现场采样的工作质量。

8.5.2.1 内部质控机制

现场采样阶段内部质控包括采样前准备内审、采样过程内审。通过资料检查和现场检查的方式，判断采样工作是否存在质量问题，确定相应的问题处理方式。

对项目所有采样点100%开展现场检查和资料检查。

内审现场检查与采样工作组同步进场，对全部采样点位开展全过程检查；内审资料检查重点检查信息系统中上传资料的完整性、规范性、与实际情况的一致性，确保可支撑外审资料检查。

现场检查发现的质量问题应及时反馈，监督整改并做好问题整改记录，形成闭环。地块全部采样点均通过内审现场检查和资料检查后方能允许采样工作组撤场。

8.5.2.2 样品采集内审检查

（1）采样准备工作检查

在开展现场采样工作以前，由内审人员检查以下采样准备工作是否完成且合格。

1）检查钻探单位、检测单位每日物资准备清单是否逐一核对，准备的物资是否齐全且足够。

2）确认在开展现场采样时，现场是否已开展安全培训工作，培训对象包括现场操作人员、厂区相关人员（所有的现场操作人员需全部接受过培训、每个地块至少开展1次安全培训）。

（2）资料检查

资料检查主要是检查“土壤钻孔采样记录单”“成井记录单”“地下水采样井洗井记录单”“地下水采样记录单”和“样品保存检查及运送交接记录单”中必填项是否填写完整、规范，现场同时检查资料填写与实际情况的一致性。

（3）现场检查

采样小组长及内审员全程参与采样现场工作，对采样过程开展现场质量检查。检查采样点的位置是否与布点方案一致，如存在位置调整，检查调整原因和调整后位置依据是否合理，且经过方案编制单位和地块使用权人的认可，并报送质量控制单位。检查土孔钻探、地下水采样井建设、土壤样品采集与保存、地下水样品采集与保存、样品运送与接收等采样过程全部环节是否合格。质量检查发现的问题，内审人员应提出整改意见，并在采样质控整改意见单中清晰描述。采样小组应在现场尽快完成整改情况，并填写采样质控整改回复单，经内审人员确认后方可完成现场采样工作，形成闭环工作机制。

对存在严重质量问题的采样点，内审人员可要求采样小组重新采样；采样小组整改完成后，应获得质量检查人员确认。

8.5.2.3 市级外审

样品采集质量检查包括现场检查和资料检查两个部分。深圳市企业用地调查市级质量控制按照现场检查比例应不少于采样单位承担的采样地块任务数量的5%，同时覆盖行政区域内的所有采样单位及覆盖到该采样单位工作所有行政区。对所有现场检查地块均应检查采样准备环节。资料检查覆盖地块所有采样点的采样过程全环节，检查比例不少于采样单位承担的采样地块任务数量的15%，并覆盖所有行政区。为保证深圳市企业用地调查整体采样工作质量，在采样地块应进行土壤采样、成井、地下水采样的现场检查及采样资料检查，及时发现问题、反馈问题、整改问题。

市级质量控制单位邀请具有环境影响评价、清洁生产审核、环保竣工验收、场地调查评估、水文地质、土壤监测、质量管理、分析测试等相关工作经验和熟悉相关行业生产工艺或行业协会的专家组成市级质量监督检查专家组，每次质量控制检查邀请2～3名专家，对样品采集开展质量控制检查。

（1）样品采集现场检查

现场检查为事中检查，由市级质量控制单位邀请专家，赴采样现场对采样单位的工作质量进行检查，按照样品采集质量控制管理表格的检查项目和检查要点，通过检查采样人员的操作规范性和采样工作实施的流程规范性，判断采样工作是否符合要求，对于不符合要求的操作或流程，专家及时指导采样人员进行整改，并书面记录整改意见，后续由市级质量控制工作人员跟进整改结果和整改回复情况。

深圳市企业用地调查市级质量控制单位对第一个采样地块进行现场检查，第一个采样地块邀请国家土壤详查办公室广东省质量控制负责人、广东省级质量控制实验室负责人以及深圳本地水文地质专家，组成深圳首个地块的质量控制专家组，形成统一的质量控制标准，并现场培训市级质量控制单位的质量控制团队人员和各相关单位技术人员，理论与实践相结合，为深圳市质量控制工作打下良好基础。

(2) 样品采集资料检查

资料检查为事后检查，由市级质量控制单位按照随机性和针对性原则选择已经采完样品的地块，将选择好的地块资料分配给专家，由专家完成检查工作。按照样品采集质量控制管理表格的检查项目和检查要点，通过检查采样单位的各环节采样照片和采样记录表格开展采样准备和采样过程的质量检查，登记检查结果。深圳市企业用地调查市级质量控制单位对第一个采样地块进行资料检查，从源头进行质量控制。

(3) 采样质量检查内容

1）采样准备质量检查。①检查布点方案是否通过专家评审并整改确认完毕；②布点区域筛选依据是否充分合理；③布点位置确定依据是否合理，监测指标无明显遗漏。

2）采样过程质量检查。①检查采样点的位置是否与布点方案一致，如存在位置调整，检查调整原因和调整后位置依据是否合理，且经过方案编制单位和地块使用权人的认可。②检查土孔钻探、地下水采样井建设、土壤样品采集与保存、地下水样品采集与保存、样品运送与接收等采样过程全部环节是否合格。③检查“土壤钻孔采样记录单”“成井记录单”“地下水采样井洗井记录单”“地下水采样记录单”和“样品保存检查及运送交接记录单”中必填项是否填写完整、规范，现场检查时还应检查与实际情况的一致性。

8.5.3 样品保存流转和制备质量控制

8.5.3.1 样品保存和流转质量控制

深圳市企业用地调查所采集的样品，全部送至市级质量控制单位进行流转。由市级质量控制单位对所有样品进行二次编码，对现场采集的平行样品进行加密，形成密码平行样。同时，对样品流转及流转过程的样品保存进行质量检查。对于保存时效较短样品，如氰化物等，质量控制单位建立接样小组，采取轮班制，24 小时无缝衔接与采样单位、实验室间的样品交接，确保待测样品的有效性。

（1）样品保存质量检查

1）检查要点。①样品瓶是否根据不同检测项目要求，在采样前已添加保护剂，并标注检测实验室内控编号、样品有效时间；②样品保存箱是否具有保温功能，并内置冷冻蓝冰（或其他蓄冷剂）；③样品采集后是否立即存放至保存箱内。

2）检查方式。①资料检查通过现场照片检查保存箱是否有蓄冷剂；②现场检查对照现场实际情况，检查样品保存情况。

（2）样品流转质量检查

1）检查要点。①时效性：检查时，应满足相应检测指标的测试周期要求。②保存条件：样品保存条件（包括温度、气泡及保护剂等）应满足全部送检样品要求。③样品包装容器：样品包装容器应无破损，封装完好。④标签：样品包装容器标签应完整、清晰、可辨识，标签上的样品编码应与样品保存检查及运送交接记录表完全一致。⑤“样品保存检查及运送交接记录表”中内容均应填写完整、规范，且与实际情况一致。

2）检查方式。①资料检查通过“样品保存检查及运送交接记录表”与现场照片，检查样品时效性和保存条件、样品包装容器、标签。②现场检查对照现场实际情况，检查“样品保存检查及运送交接记录表”所记录全部内容是否与实际情况一致并满足全部检查要点要求。

8.5.3.2　样品制备质量控制

深圳市企业用地调查土壤干样样品的制备工作，包括比对分析测试样品的制备，均由同一家实验室统一完成。现场采集的三份密码平行样品，经由实验室混合制备完成后，再分成三份，充分保证样品的均匀性。样品制备过程所涉及的所有制备工具，全部编上唯一编号，统一管理。样品制备记录表中，每一个样品所使用的制备工具，均要求详细记录，同时记录制样的具体时间。一是方便质量管理，防止制样工具未经清洁在不同样品间重复使用，造成交叉污染；二是可对样品制备过程进行溯源。样品制备质量检查的内容包括以下几个方面。

1）制样场所检查：检查影像监控设备是否正常运行；风干区、粗磨细磨区等工作区域，是否做到内务整洁、分区明确、标识清晰。

2）制样工具检查：检查风干器皿、磨样设备、样品筛、分装容器及其他辅助工具是否完好，是否存在交叉污染的情况或隐患；磨样设备是否正常运行。

3）监控视频管理检查：是否有专人负责视频管理，定期备份制样视频，确保每一个重金属土壤样品制备过程视频都完整保存。

4）制样流程检查：检查被抽查样品的制样视频，视频是否清晰无遮挡，检查制样人员是否操作规范，是否存在样品交叉污染和样品标签混淆等不符合情况；检查样品从风干、制备到检测过程中，标签是否清晰完好唯一。制备后的样品重量是否符合要求、样品粒度过筛检查、包装是否完好。无论是否过筛的样品都必须保留，不可随意丢弃。

5）制样记录检查：①检查被抽查样品的制样原始记录表是否填写完整准确和及时；②是否记录每个样品的粗磨和细磨制备时间段（准确到分钟）、制备工位号、制备人；③是否可以通过记录对应匹配查找到每个样品的制样视频；④是否记录整个制样过程中使用的器具和设备，记录样品重量、风干后重量、粗磨后重量、细磨后重量；⑤对于无法过筛的样品是否有记录并说明情况；⑥总体过筛率是否合理。

8.5.4 样品分析测试质量控制

8.5.4.1 实验室能力评估

深圳市企业用地调查的样品分析测试任务，均集中在两个实验室完成，一是检测实验室，二是比对实验室，便于实施质量控制和质量管理。市级质量控制单位对承担检测任务的实验室进行能力评估，确保检测实验室具备符合测试项目要求的人员、资质、设备及能力，确保分析测试工作人员和设备数量与任务量匹配，避免产生进度滞后、质量失控、样品失效等问题。在分析测试任务开展前，均接受质量控制单位的能力评估与考核，考核合格之后方可开展分析测试工作。

8.5.4.2 分析测试方法的选择

深圳市企业用地调查任务开展前期，市级质量控制单位组织的两个实验室对各自资质认定范围内的方法进行梳理，要求所使用的分析测试方法保持一致，且选用检测实验室CMA或CNAS资质认定范围内的国际标准、区域标准、国家标准和行业标准。对于存在方法不一致或适用范围不满足要求的，提前进行资质能力扩项，确保分析测试方法最优化。

8.5.4.3 分析测试质量控制

深圳市企业用地调查的两家实验室，实验室内部质量控制及外部质量控制，均覆盖空白试验、定量校准、精密度、准确度及异常样品复测。实验室内部质量控制要求100%内部审核；外部质量控制主要通过以下三方面实施。

（1）密码平行样数据审核

深圳市企业用地调查在采样阶段按要求设置了质控点，每个质控点样品采集了3份密码平行样，包含了2份室内密码平行样及1份室间密码平行样。通过对室内及室间密码平行样的数据审核（审核原则详见本书7.4.2节），对批次样品的分析测试质量进行把控与反馈。

（2）统一监控样考核

深圳市企业用地调查的两家实验室均为当地实验室，市级质量控制单位利用本地优势，对两家实验室采取统一监控样考核及现场加标考核相结合的方式，在样品流转过程中同步发放考核样品或到实验室分析测试现场进行加标考核，确保样品的分析测试与考核样的分析测试同步进行，实现对每批次、每个测试项目类别全覆盖的考核目标。

(3) 样品分析测试质控检查

市级质量控制单位建立由1名组长和2~3名成员组成的检查组，采取检查现场情况、查阅报告原始记录、询问等形式开展监督检查工作。对承担本地市检测工作的实验室，每月至少开展一次现场检查工作。检查工作采取“以点带面”的技术路线，以随机抽取的具体样品作为起点，根据本书第7章中讲述的质量控制技术要求，检查溯源从样品交接、内部编码（如有）、样品保存、样品制备、检测分析、原始记录到数据报送、资料归档等全流程的信息检查。从而考察检测实验室对技术规定的执行力、实际工作中的质量管理综合能力及样品在各环节数据的可溯源性。

在检测实验室的任务信息中，抽取土壤样品3个，地下水样品2个。每次抽查的土壤样品均包含重金属、土壤有机及其他无机项目类别（氰化物等）。随机抽查的样品应至少涉及3个地块。检查过程中，既要检查抽查样品的具体信息，也要查看其他样品在每个环节的总体情况。

8.6 专家点评

(1) 关于土壤钻探

土壤钻探应避免钻穿含水层底板，防止污染物穿透含水层底板，而新增承压地下水污染。为了防止钻孔坍塌，钻探过程中应全程套管跟进。同时，外套管的内径与内套管的外径不宜相差太大（1cm左右为宜），否则内外套管间环形间隙中残余的土壤样品过多，避免环形间隙的土壤发生坍塌时，导致下一个采样管采集的样品为坍塌样品，而非所在深度的土壤样品。

(2) 关于土壤钻孔深度

专家建议，土壤钻探深度原则上应达到地下水初见水位，并不是必须达到地下水初见水位，也不是到达即可终止。土壤钻孔深度应根据污染物迁移特点及地层条件确定。

1）地表浅部即为黏性土，上部污染没有向下部迁移的通道，那么钻孔深度不需要达到地下水位，此时如果坚持钻到地下水位反而是创造了污染物自上向下尤其是向地下水迁移的通道。

2）地块内没有易迁移污染物（六价铬、苯系物或氯代烃），那么当上部土壤没有明显污染特征时，钻至原状土无污染迹象时即可停止。

(3) 关于土壤岩芯

摆放土壤岩芯时，留意岩芯的上、下端位置，确保岩芯所在深度的真实性。

(4）关于现场的快速检测

土壤样品的现场快速检测，确保了能在该点位最大限度地捕获最大污染。对于存在污染痕迹或松散不成型的土柱，应立即采集挥发性有机物样品，同时进行现场快速检测。最后根据现场快速检测的结果情况，选择检测结果较高的样品送检。

(5）关于土壤采样深度

专家指出，浅层土壤（硬化层以下）易受污染，应重点关注，具体取样位置不局限于50cm，可向下延伸也可以更聚焦于硬化层以下位置，取样具体深度应结合不同类型污染物迁移特点并根据现场筛选确定。现场筛选方式有颜色、气味、性状（是有含油状物）、现场快速检测及识别土层变层等。水位附近样品易富集LNAPL类污染物，应对涉及地块重点关注，但取样位置仍应以筛选为准。

(6）关于土壤VOCs样品的采集

调查的目的在于捕获污染，用于检测VOCs的土壤样品，其样品的采集位置需谨慎选取。若在钻探设备取样口位置有散发出疑似被污染的气味，则在钻探设备取样口位置剔除表层土壤后立即采集VOCs样品。若在钻探设备取样口位置的土壤无疑似被污染现象，则不需立即采样；待土壤样品柱完全剥离出来后，根据土壤样品柱的颜色、气味，结合现场实际情况，选取最大可能被污染的位置作为待测样品的取样位置。为减少由于污染物挥发引起的损失，尽可能采集原状土壤样品柱且位于样品柱里层的土壤作为待测样品。

(7）关于土壤平行样选取位置

首先，选取作为平行样的采样位置应该位于该点位污染最重的采样深度。其原因在于能更好地体现出平行样的精密度，以保证控制质量合格与否。如果平行样样品采集于无污染或污染很轻的位置，导致平行样的检测结果均为未检出，则失去了平行样精密度的控制意义。其次，为满足捕获最大污染，同时保证平行样的样品量，针对不同检测项目，平行样样品的采样位置可以在同一采样点位的不同深度分别采集，也可以在同一地块的不同采样点位分别采集。从污染物的分布规律角度来看，不同类型污染物在同一点位的最大浓度都集中在一个取样深度的可能性极小。再次，平行样采样深度的选择应避免跨不同性质土层采集，同时应当避免跨地下水水位线采集。

(8）关于采集的地下水深度

深圳市属于海滨城市，地下水埋藏很浅，且历史上围海造地和填塘造地的情况较为多见，导致地下水蕴藏于回填土层中。结合当地典型场地工勘资料，回填土层下即为花岗岩的情况较为普遍，花岗岩呈现不同风化程度，微风化和未风化情况也较为常见。案例的调查目的是以捕获污染为主，填土层中的水更能直接反映问题，应重点关注。因此，采集的地下水样品应包含填土层的水。

(9）关于地下水井建设的滤料填充

使用导砂管将滤料缓慢填充至管壁与孔壁中的环形空隙内，应沿着井管四周均匀填充，避免从单一方位填入；一边填充一边晃动井管，防止滤料填充时形成架桥或卡锁现象。滤料填充前，提前计算好滤料应填充的体积，滤料填充过程进行定量填充，同时进行测量，确保滤料填充至设计高度。

（10）关于地下水井洗井

专家指出，由于地质结构的特性，深圳市地下水井普遍存在洗井达不到水清砂净的问题。对此，可以在采样井建设阶段提前做好完善措施，提高洗井质量。在需要建井的点位，确保不钻穿隔水层的情况下，实际钻孔深度比计划钻孔深度深一点，下管前，往增加的这部分深度先填充石英砂后再下管，这部分石英砂可以留存一定量的泥沙，减少进入井管里的泥沙含量，洗井时更容易满足洗井的要求，同时提高了地下水待测样品的质量。

（11）关于采样前洗井

采样前洗井的用途，主要作用于挥发性类污染物的样品，确保所采集的挥发性类污染物样品为新鲜补给的地下水。对于重金属类样品，由于其稳定性，一般情况下，采样前是否进行洗井，其检测结果不会有太大变化，对于反映地块污染情况不受影响。本案例采用气囊泵进行采样前洗井，洗井达标后，优先采用气囊泵进行挥发性类污染物地下水样品的采集，再采用贝勒管进行重金属类地下水样品的采集，既保证了采样前洗井的质量，又提高了采样的效率。

（12）关于样品制备

为更好地溯源样品制备过程是否存在产生交叉污染的风险，建立样品制备管理程序，将所有制样工具进行统一编码，并在每一个样品的制备过程详细记录制备时间及所涉及的制备工具。同时，记录弃样重量，以便计算过筛率，评估测定样品的代表性。注意日常检查样品筛，防止样品筛破损，可采取对光方式进行检查。

（13）关于有机类样品的实验室间比对

对于有机类样品多为未检出的情况，实验室间比对时，可采取对样品进行加标，加标后的样品再次进行实验室间比对，确保实验室间比对结果的准确度。

8.7 案例特色

8.7.1 强化组织实施，注重上下联动，提升工作合力

自2017年开展深圳市企业用地调查以来，在国家和省级部门的领导下，在深圳市生态环境局的精心安排和部署下，各区全面配合，深圳市规划和自然资源局、工业和信息化局、市场监督管理局等多个部门积极联动，项目实施过程形成多项管理性文件，调查单位及参与人员全力投入，建立了双周调度机制、专家咨询机制、信息沟通机制、数据保密机

制，形成了一支地方专业机构结合国内高水平研究团队为特点的技术队伍。各参与单位分工明确，合作紧密，参与人员勇于担当、甘于奉献，在保障项目有序推进的同时，锻炼了地方队伍，提升了任务承担单位业务水平，形成了一批地方骨干力量，为深圳市后续土壤环境质量管理及提升工作奠定基础。

8.7.2 坚持体系建设，活化质量管理

深圳市企业用地调查质控管理工作自启动以来，市级质量控制单位坚持质量管理体系的建设及优化，建成具有符合性、特色性、系统性、有效性、预防性、动态性及反馈性的质量管理体系，灵活应用实践于企业用地调查中。

1）符合性。深圳市企业用地调查质量管理体系文件符合国家和广东省质量保证与质量控制相关文件的要求。

2）特色性。深圳市企业用地调查质量管理体系在符合国家和广东省技术和质量控制要求外，结合深圳市本地情况，建立符合本地的质量控制技术要求。

3）系统性。建立相互关联和作用的组合体：①质量控制管理团队——合理的组织机构和明确的职责、权限及其协调的关系；②程序——编制到位的质量保证和质量管理方案及相关质量控制表格，是过程运行的依据；③过程——通过培训、工作群、协调会等工作机制，保证质量管理体系的有效实施；④资源——包括人员、资金、设备、技术和方法。

4）有效性。质量管理体系的运行是全面有效的，既能满足内部质量管理的要求，又能满足国家和广东省的质量控制要求。

5）预防性。在实施过程中，发现问题及时反馈至国家或省级质量控制单位，采用适当的预防措施，防止重大质量问题的发生。

6）动态性。时时关注国家和广东省技术要求和质量控制要求的变动，动态进行质量管理体系审核，以改进质量管理体系，使质量控制工作不断满足国家和广东省的最新质量控制要求。

8.7.3 特色质量控制队伍，强调专业性、全面性、准确性

为保障质量控制团队的专业性、严格性、充足性和稳定性，深圳市建立市级质量控制单位及专家队伍，成立专项小组，明确分工，丰富质量管理实践。深圳市特色的专家队伍成员包括：省级技术支持单位成员、国家质量控制专家库成员、广东省级质量控制单位成员、广东省专家库成员、深圳市土壤专家库成员。成员特色领域包括：水文地质专家、技术支持专家、行业专家、熟悉深圳本地企业用地历史的资深老专家、场调专家、环境监测专家、环境影响评价专家及清洁生产等领域的专家。市级专家库充分将熟悉国家和广东省

技术要求、质量控制要求专家和熟悉深圳本地地块历史、行业特征等专家有机结合起来，进一步保证质量控制管理工作的全面性、规范性和准确性。

8.7.4 切实严抓细管，确保调查数据真实可靠

深圳市企业用地调查质量控制采取整体规划、全程介入、专家把关、专人负责、专项质量控制的全周期管理模式，采用全流程覆盖、全环节检查、全要点监督、全类别考核的全格局工作方法；及时、准确地预防问题、发现问题、反馈问题、解决问题，建立协调沟通机制，高效及时地解决各环节的问题。建立系统性的质量管理体系，筹备质量控制管理团队、程序、过程、资源等相互关联和作用的组合体，质量控制检查贯穿整项工作的前、中、后各过程，对任务承担单位形成持续的质量控制压力，保障整体工作质量。加强质量控制考核监督，转变工作思路，发挥本地优势，全面配合现场进度，采取随时加班、安排专人到检测实验室现场加标考核等举措，确保质量控制到位，充分保证了样品的时效性、准确性、溯源性。通过现场加标考核和统一监控样考核并行，实现外控的比例和覆盖检测项目全类别考核。针对比对不合格数据的监督整改，深圳市级质量控制单位率先提出自查复测—交叉复测—第三方实验室复测的流程，充分保障调查数据的真实、可信。质量控制不计成本、反复投入，打通各环节难点，严守质量底线，确保调查结果真实、准确、全面。

9

展　　望

从2019年1月1日起实施的《中华人民共和国土壤污染防治法》，到建设用地土壤污染风险管控和修复系列环境保护标准的修订发布，再到2020年12月第十三届全国人民代表大会常务委员会第二十四次会议通过的《中华人民共和国长江保护法》和生态环境损害鉴定评估技术指南系列标准的发布。覆盖大气、水、土壤、固体废弃物和安全等多个领域的环保法律标准体系已基本完善，生态环境监管大格局已基本形成。随着下一步“十四五”生态环保规划的制订实施，我国环境保护产业将走出阵痛期，迎来新格局。以改善生态环境质量为核心，以解决突出生态环境问题为重点，调动企业在创新方面的活力，带动生态环境产业实现革新，是新时期环保产业的重任。未来，环保产业将进入提质增效的时代，从整体产业链到细分领域，从发展黄金期趋于高质量增长，市场环境将日趋成熟。

但是挑战与机遇并存，正如全国人民代表大会常务委员会《关于检查〈中华人民共和国土壤污染防治法〉实施情况的报告》中指出的那样，虽然《中华人民共和国土壤污染防治法》实施以来，全国各地区、各部门依法开展了大量工作，但当下中国土壤污染防治历史欠账多、治理难度大、工作起步晚、技术基础差，土壤污染形势依然严峻，法律实施中还存在不少问题，依法打好净土保卫战任务艰巨。但是，《中华人民共和国土壤污染防治法》为打好净土保卫战提供了法制保障，要高度重视，全面正确有效实施《中华人民共和国土壤污染防治法》，坚持预防为主、保护优先，依法做好土壤污染风险管控和修复工作；坚持从实际出发、区别对待。因时因地因情因需有序推进土壤污染防治工作；坚持突出重点、统筹兼顾，加快建立政府与社会共同参与的法律实施保障机制；坚持持续发力、久久为功，确保让人民群众“吃得放心、住得安心”。

9.1　良法是善治之前提

相较于发达国家早在20世纪80年代便陆续出台土壤污染治理法案和制度，我国土壤污染防治立法工作呈现出起步晚、“跳跃式”发展的特点。《中华人民共和国土壤污染防治法》的颁布，标志着我国土壤污染防治工作基础框架构建已经完成，其规定的土壤污染防治工作的基本原则，提出的包括建立土壤污染防治目标责任制度、考核评价制度、土壤环境监测制度、农用地分类管理制度等八项全新制度和若干工作机制将成为我国土壤污染防治体系的新核心。新核心的出现，带来的将是我国土壤污染防治体系的更新和重塑。在此过程中，要充分树立顶层法律政策设计、制定的前瞻性思维，以统筹兼顾、科学决策，注重法治思维和法治方式的运用，这对土壤污染防治体系的更新与重塑极为重要。要深刻地思考，中国社会经济发展过程中为什么在清醒地有着“不走高投入、高污染、高排放的发展之路”的思想认识情况下，依旧走上了西方发达国家走过的“先污染，后治理”的老路。要全面分析出现我们的环境法律政策、环境管理机制和环境治理方式似乎没有发挥应有作用的原因，并在土壤污染防治体系的更新和重塑中加以完善。

古希腊哲学家柏拉图曾说“好的开始是成功的一半”，成熟的法律制度体系均是在与实践相磨合的过程中得到发展并臻于完善的，而《中华人民共和国土壤污染防治法》提出的新制度、新机制首先要面对的是两大“落地难”问题。

第一，《中华人民共和国土壤污染防治法》仅仅是提出了新制度、新机制的概念，而对于具体制度、机制的制定和构建并未说明。如何根据概念构建出符合土壤污染防治法立法目的且能与其他环境保护制度相辅相成，形成完整的土壤污染防治体系是“落地难”的首要难题。

第二，在如今城市化进程高速推进的环境下，存在部分地方政府依靠土地出让来维持地方财政支出现象，土地开发和高土地流转率赋予城市建设用地的经济价值已经成为土壤污染防治工作的一个重要影响因素。如何在当前这样一个制度环境不成熟的条件下，调和地方财政增收与土壤污染防治高投入、长周期之间的冲突，是《中华人民共和国土壤污染防治法》“落地难”的另一难题。

如何解决《中华人民共和国土壤污染防治法》面临的双重“落地难”问题，是土壤污染防治体系更新和重塑工作的第一步。

9.2 标准体系完善是环境司法之核心

健全土壤环境标准体系是推进土壤环境治理体系和治理能力现代化的必然要求。

1）加快出台配套政策，督促地方政府履行土壤污染防治和安全利用的监管责任，完善污染源头预防、健康风险评估、土壤分类分级管控、污染责任人认定、环境损害赔偿、土壤修复和再利用、治理基金管理、考核目标评价、排污许可证等具体实施要求。

2）针对土壤污染来源贡献较大的大气污染、水体污染、固体废物污染，结合农业生产、城市规划制定系统性的法规，建立好土壤污染物有害物质名录、污染企业名录、土壤改良剂登记制度。

3）提速推进土壤相关环境标准和多领域环境数据共享标准制修订，增加土壤风险管控标准中的污染物种类，深入研究土壤环境基准、土壤修复目标值，基于生物有效性和人体可给性的土壤风险评估，进行人群土壤暴露参数健康风险评价。

4）建立信息公开和公众参与机制，信息越公开和公正，就越有权威和公信力。要加快建立以政府为主导，企业、社会组织、大众共同参与的生态环境治理体系，完善公众举报、监督、意见反馈机制和程序，宣传环境科学知识和土壤环境法律法规，推动土壤环境公益诉讼，最大限度凝聚公众合力。

9.3 柔性执法是多元共治之关键

相对于大量存在的环境违法行为而言，作为生态环境执法的中坚力量——市级生态环境执法力量是有限的，因此应构建多元共治的环境治理机制。

第一，以“互联网+”整合生态环境违法问题的发现机制。将通过“12369”环保举报平台（电话+微信+互联网）发现的环境违法问题，与中央环保督察、环保专项督查、环境公益诉讼等途径发现的环境违法问题，通过“互联网+”整合到同一网络平台中，建立统一的生态环境违法问题发现系统。这不仅能使得生态环境执法机关全面掌握生态环境违法问题，更能使其对生态环境违法问题进行分类并根据其严重程度对症下药。

第二，注意保护公众举报环境违法行为的热情。公众举报环境违法行为，或出于自身之私益，或纯粹出于公益。如是前者，举报者往往不达目的誓不罢休；如是后者，在举报遇到障碍或麻烦时便会选择放弃。因此，应降低公众举报环境违法行为的难度，在所举报环境违法问题不属于生态环境机关管辖范围时，也应负责将该问题移交至有管辖权的机关而不能推诿。

第三，实现环境违法行为处理的全程透明化，即将环境违法问题的内容、处理过程、处理结果全部实现透明化。透明化即信息公开，本身就是重要的政策工具，在生态环境保护领域通过将环境违法行为透明化与声誉机制、信息机制相结合，能够有效威慑潜在的环境违法行为。目前对于通过“12369”环保举报平台发现的环境违法问题，只有举报人有权限跟踪和了解该问题的处理进展及结果，其他普通人则无法知悉，使得环境违法行为的举报及其处理程序缺乏透明度，限制了透明化即环境违法信息公开在环境治理中所可能发挥的压力机制作用。

第四，将作为公民参与环境执法的环境公益诉讼制度与生态环境赔偿制度等进行衔接，构建生态损害救济法律制度体系。

按照《国务院办公厅关于加强环境监管执法的通知》（国办发〔2014〕56 号）和《关于省以下环保机构监测监察执法垂直管理制度改革试点工作的指导意见》（2015 年）要求，在实现省级以下环境监测监察执法垂直管理之后，市级生态环境行政机关必将成为生态环境执法的中坚力量。因此，应建立强化地方环境执法能力建设的保障机制。

第一，必须从人力、物力、财力等方面强化市级生态环境执法能力建设，夯实市级生态环境执法机关环境执法的物质基础，增强市级生态环境执法队伍的人员素质，使得生态环境执法人员能够运用现代化科技手段应对环境违法问题。

第二，以中共中央印发《2018—2022年全国干部教育培训规划》为契机，将生态文明建设及其法治教育列入未来5年全国干部教育培训规划的必修内容。

第三，中央应对市级党政负责人、市级生态环境执法人员在生态法治方面进行全国性轮训，强化其在生态环境保护过程中的依法行政意识，在保护生态环境时更加注重保护执法相对人的合法利益。

第四，注意破解地方政府对市级生态环境执法人员的各种束缚，打通市级生态环境执法人员晋升机制，激发其依法进行生态环境执法的内生动力，使其能够更加积极主动地发现生态环境违法行为并进行环境保护执法。

生态环境执法的直接目的是纠正生态环境违法行为，根本目的是通过环境行政处罚、损害赔偿等措施形成对潜在环境违法行为的威慑，以预防环境违法行为发生，即通过施加环境守法的外部压力以促进环境守法之内生动力的形成。但是，环境行政处罚亦有其效力边界。

第一，在生态环境执法能力有限情形下，并非所有环境违法行为都能够被发现，并且都能被给予与其违法行为所获利益相当的行政处罚（尤其是行政罚款），因此行政处罚作为压力机制在促进环境守法方面具有局限性。

第二，相对于发挥生态环境执法的威慑效应而言，建立环境守法的促进（或激励）机制则是推动企业主动遵守环境法律，从而改善生态环境质量的最终目标。一是全面推行“双随机、一公开”制度，发挥生态环境执法的威慑效应，增强执法的客观性，打消企业的侥幸心理。但是，此举更多的是生态环境保护的治标之策而非为治本之举。二是通过优化环境法律制度体系降低环境守法难度和成本。制度性交易成本是环境守法成本高的重要原因，而现行环境法律制度存在较为严重的碎片化问题，生态环境保护相关部门之间政策和法律制度缺乏协调，则是导致主动守法的制度性交易成本较高的重要原因。三是采取各种措施解决企业环境守法成本高的问题。除制度性交易成本较高外，守法成本高还表现在实现环境守法的技术设备不可得，或者获取成本较高。而环境守法成本高的重要后果是，可能会导致企业产品价格提高，在一定程度上影响企业及其产品市场竞争力。在现有技术条件下，遵守环境法制将压缩企业的利润所得。因此，要创造企业环境守法的内生动力，就必须努力解决导致环境守法成本高方面的各种根源问题。四是，发挥行政指导等柔性措施在促进环境守法中的作用。公私协力、行政合作、软法机制和柔性执法越来越成为当代世界各国公共行政的发展趋势，环境行政执法也不例外。

9.4 合纵连横是管理机制构建之方向

自改革开放以来，我国社会经济快速发展和人民生活水平整体提升，同时生态环境保护、环境污染治理和生态安全保障也逐步得到了有效落实，生态环境监管体制起到了关键作用，但在监管实践中依旧存在诸多问题，其中最为突出的便是统一监管[36]。

首先，对于统一监管的认识各方没有达成一致看法。理论研究者认为生态环境统一监管是对所有涉及自然环境资源的保护监督工作，由生态环境主管部门统一负责进行部署、监督和指导，包括生态环境部内部系统和其他相关政府部门。然而，有些政府部门则不以为然。

其次，生态环境问题涉及水、大气、土壤等方方面面，一旦发生污染问题，水、大气、土壤等相关的部门都会相互影响，需要各部门协同配合，包括生态环境、农业、自然资源、水利等相关主管部门。在现实中，往往由于需要多部门的配合造成了环境问题处置效率低下，且各部门之间缺乏有效的沟通协调机制[37]。因此，急需有牵头部门做好全局统筹工作，才能有效开展生态环境监管工作。

针对现阶段生态环境监管横向职能分散，缺乏有效协调，我国在 2018 年进一步进行大部制改革，成立了生态环境部来统一履行分散在各部门间的监管职责。除此之外，关键还是要建立科学合理的部门协调机制。通过文献梳理和国外经验总结，建立以生态环境部为主且各部门分工协作的统一监管模式是当务之急。生态环境监管工作无法由一个部门大包大揽，但需要有牵头部门做好统一协调、负责工作[38]。通过设立生态环境部统管生态环境监管工作，并通过制度安排分清与分管部门（如水利、农业、国土等）权利与责任，在做好统管工作的同时建立分管部门间的协调机制，设立协调机构，推动分管部门间的生态环境监管合作，提升整个监管机构的生态环境监管效率。

除了横向各部门之间职能分散外，中央与地方政府纵向之间在生态环境保护与监管上也有一定的冲突，中央需要地方政府做好生态环境保护，而地方政府往往执行不到位。这是因为，各地生态环境监管都由地方生态环境部门负责，其人事安排、资金计划、领导提拔等事宜均由同级党委和政府决定，因此地方生态环境部门更多是听从同级党委和政府安排，中央或者上级生态环境部门制定的监管方案、专项行动计划往往落实不到位，环境督察遇到一些障碍。此外，在过去发展中，经济建设成果往往是官员晋升的核心考核指标，生态环境考核得不到重视，地方官员没有足够的动力去执行环境监管工作和完成指标考核。同时，生态环境问题是社会敏感问题，地方官员更多地抱着“大事化小，小事化了”的心态进行监管工作，以应对上级生态环境部门的督察。缺乏事权和财权导致了上级生态环境部门对地方相关部门的监管乏力，激励与约束机制的缺失无法调动地方部门的监管积极性。

要深入推动生态环境监管垂直管理。首先，要理清地方生态环境管理部门的事权和财权，充分把握上级监督管理部门对地方生态环境管理部门的事权收放边界和财政资金保障，从人事安排、机构设置等方面提升其对地方环境管理部门的约束控制力[39]。其次，要建立合理的沟通协调机制。上级监管部门主要履行规划制定、行动安排工作，需要地方生态环境管理部门负责落实，上下级之间需要有效地沟通才能保证工作的有效开展。最后，通过《环境保护督察方案（试行)》，建立制度化、规范化的中央层级生态环境保护主管部门对地方政府以及各级环境监管机构的督察制度。

9.5 大数据综合管理是监督执法之刚需

由于土壤污染不仅来自大气污染、水体污染、固体废弃物污染，还会受土壤性质和农业耕作的面源污染影响，建成水、大气、固体废弃物等一体化的生态环境大数据监测与预警信息化平台，强化多部门联动监管，实现环境执法现代化是土壤污染防治的发展趋势。

1）借助大数据技术的应用和发展，逐步优化土壤环境监测网络，建立地下水监测网络、污染地块清单和优先管控名录、污染地块风险和修复后效果评估模型、土地再利用监督机制、土壤环境污染预警系统等，打通“地上与地下”，以优化整合多领域、多部门数据资源，建成一体化大数据监控预警平台；推动数据存储和标准共享统一集成，建立污染土壤修复数字化档案，实施网络监管和修复后续跟踪；研究历史数据延续性和多部门数据可比性，实现数据更新动态化、辅助决策科学化、监管工作精细化，提高土壤污染防治的科学性和有效性。

2）强化多部门联动监管，生态环境、自然资源、农业农村、水利水务、住房和城乡建设等部门需联合开展土壤和地下水调查监测工作，建立土壤污染防治联合会商制度和联动执法机制，对土壤环境监管方面的难点问题进行统筹解决，对重点行业、重点区域开展土壤专项联合执法，并将土壤污染防治纳入日常环境监管执法。

3）采用卫星遥感、无人机、移动监测车、移动执法终端、便携式土壤监测设备等现代化技术手段与清单式执法、暗查式执法、现场监测执法等有机结合的方式，实现多元化快速监测、追溯和取证；强化行政执法与刑事司法衔接，严厉打击土壤环境违法犯罪行为；同时，健全环境执法情况新闻通报制度，使土壤环境执法精准、高效，具有威慑力。

9.6 高瞻远瞩是土壤污染防治之未来

土壤污染不像大气污染、水污染那样，可以通过切断污染源、清理堆积的固体废弃物等显性手段，马上就可以取得立竿见影的效果，因而大气污染、水污染比较容易引起公众和地方政府的重视，相应的法律政策制定和财政投入也比较多，公众对环境与健康问题的负面情绪也相对容易消解。但土壤污染却是潜在的、累积的、缓慢的，通过植物吸收后迁移到人体内最后再表露为健康问题，其时间很长，近几年我国各地重金属污染损害事件连续爆发就是明证。由于方方面面的原因，我国的土壤污染防治的环境标准、治理修复技术的研发水平与市场应用能力相对滞后，无法满足当前形势的需要。可以说，对土壤污染造成的危害以及由此带来的社会风险预判不足，对其采取的预防性法律政策措施不够，政府、社会各界和工农业生产者发展经济而忽视土壤污染危害的侥幸心理，是导致当前土壤污染问题出现的重要原因。亡羊补牢，为时未晚。对受污染的土地要尽快修复治理；对未受污染的土地，要严格遵循环境保护法的预防原则，在土地利用规划审批、工业项目的选择、企业的清洁生产和土地利用过程中的监测评估等方面下足功夫；对造成污染土地的单位和个人严格依法处理，确保从源头和全过程上进行全方位控制，坚决避免污染进一步扩大或转移。

首先，各级政府要按时完成土壤污染治理与修复项目试点和修复技术推广工作。一方面，加强国内先进土壤治理与修复的技术交流；另一方面，引进和学习国外先进的土壤污染治理与修复成熟技术经验，取长补短，为我所用。其次各级政府要以政府为先导，明确企业承担土壤污染治理的主体责任，呼吁广大公众积极响应、参与，构建全社会共同监督的工作机制，形成齐抓共管、全力推动土壤污染修复产业可持续发展的新局面。一是要开放引进第三方市场，支持第三方机构参与土壤污染监测、治理与修复等方面的工作；二是要逐步完善土壤环境污染的调查、信息采集、分析测试、风险评估、治理与修复工作，形成土壤环境污染治理的产业链群，在各地打造本区域若干个具有综合实力的龙头企业；三是各级政府要综合运用行政、法律和经济等方法，严格管控项目实施中违法、违规等行为，建立健全监督机制，加强实施项目监督管理力度。

城乡二元结构是制约我国城乡发展一体化的主要障碍。长期以来，在我国二元制经济结构背景下，我国城镇化、工业化的过程中污染从城市向农村转移现象日趋严重，城市与农村之间的污染转移现象也成为这一阶段的特殊现象，城乡分治战略使城市和农村之间存在着严重的不公平、不合理现象。具体到生态环境保护领域，主要指城乡地区在占有资源、分配利益与承担生态环境保护责任上的严重不协调。在此二元结构下，中国污染防治的投资几乎全部投入到工业和城市。城市环境污染向农村扩散，而农村从财政渠道却几乎得不到污染治理和环境管理的建设资金，也难以申请到用于专项治理的排污费、修复费。在环境管理机构配置上，农村地区的环境保护机构也很不健全。截至目前，大部分的乡镇还没有设立专门的环境保护机构，乡镇一级政府一般没有土壤质量监测机构，也没有配备专职的环境保护公务人员，政府对农民提供环境保护指导、土壤污染防治技术咨询也几乎空白。

在城乡二元结构的背景下，受经济条件的限制，农民自身在日常生活和生产经营决策时优先考虑的也是如何发展经济，如何尽快提高收入，而忽略了对健康土壤环境的保护，经常会做出为增加经济收入而漠视土壤污染、破坏生态环境的行为。城乡二元结构削弱了农村土壤污染的治理能力，农民在主观上对农村良好环境的较低需求，削弱了农民的土壤环境保护意识，导致农村自身的农业、渔业、养殖业对生活环境造成的污染。即使部分农民表现出了较高质量的环境需求，具有了较强的环境保护意识，但受制于各种客观条件，也无法形成有效且持续的治理能力。在城乡二元结构的背景下，由于各种主客观因素的影响，农村环境治理能力低下，土壤污染日趋严重，农民往往也成为土壤污染危害的最初受害者[40]。

为此，除了大力调整长期以来实行的城乡分治的法律政策之外，在土壤污染防治方面，应当严格控制工业投资向农村转移的项目审批；建立健全完备的农村污染防治法律法规和制度体系；加大农村污染防治资金和人力物力投入力度，加强农村环境保护基础设施建设；鼓励农村土壤污染防治技术研究，推动土壤污染防治成熟技术的推广应用；加强农村污染防治知识宣传力度，增强农民的环保意识和法治观念，充分调动农民参与农村环境保护和土壤污染防治的积极性，为建设美丽乡村和美丽中国做贡献。

回顾我国自1979年《环境保护法（试行)》颁布以来40余年生态环境保护走过的历程可以发现，改善生态环境质量，满足人民对美好生活环境和优质生态产品的需求，并非一日之功。生态环境执法并非无源之水、无本之木。要想通过生态环境执法改善生态环境质量，首先必须准确定位生态环境执法在整个生态环境治理系统的地位及其与相关环节的关系。在此基础上，通过建立和完善生态环境法律制度体系，降低环境守法的成本和难度，强化生态环境执法主体的各项能力建设，增强生态环境执法人员依法行政的法治意识，保护执法相对人的合法权益，发挥借助生态环境执法撬动产业结构转型并推动绿色发展的作用，建立起促进环境守法内生动力的激励和保障机制。如此，建设美丽中国方指日可期。

参考文献

[1] FAO, ITPS. Status of the World's Soil Resources (SWSR) —Main Report [M]. Rome, Italy: Food and Agriculture Organizationof the United Nations and Intergovernmental Technical Panel on Soils, 2015.

[2] 中国法制出版社. 中华人民共和国土地管理法：实用版 [M]. 北京：中国法制出版社，2020.

[3] 国家统计局城市经济社会调查司. 中国城市统计年鉴 2019 [M]. 北京：中国统计出版社，2020.

[4] 住房和城乡建设部计划财务与外事司. 中国城市建设统计年鉴 2018 [M]. 北京：中国统计出版社，2019.

[5] 覃成林，刘丽玲，覃文昊. 粤港澳大湾区城市群发展战略思考 [J]. 区域经济评论，2017，(5)：113-118.

[6] 骆永明，章海波，赵其国，等. 香港土壤研究 I. 研究现状与展望 [J]. 土壤学报，2005，42 (2)：314-322.

[7] 陈同斌，黄铭洪，黄焕忠，等. 香港土壤中的重金属含量及其污染现状 [J]. 地理学报，1997，52 (3)：228-236.

[8] Wilson M J, He Z L, Yang X E. The red soils of China: their nature, management and utilization [M]. Dordrecht: Springer, 2004.

[9] 香港特别行政区政府环境保护署. 受污染土地勘查及整治实物指南 [S]. 中国：香港，2011.

[10] 香港特别行政区政府环境保护署. 受污染土地评估与整治指引 [S]. 中国：香港，2007.

[11] 香港特别行政区政府环境保护署. 按风险厘定的土地污染整治标准的使用指引 [R]. 中国：香港，2007.

[12] 澳门环境保护局. 澳门环境质量标准：商住用地、工业用地和公园绿地之土壤管控标准 [S]. 中国：澳门，2019.

[13] Li X N, Xiao R B, Chen W P, et al. A conceptual framework for classification management of contaminated sites in Guangzhou, China [J]. Sustainability, 2017, 9 (3): 362.

[14] 王夏晖. 加快推进土壤污染防治八项基础工作 [J]. 世界环境，2016，(4)：16-17.

[15] 孙宁，张岩坤，丁贞玉，等. 土壤污染防治先行区建设进展、问题与对策 [J]. 环境保护科学，2020，46 (1)：14-20.

[16] 曹靖，张文忠. 粤港澳大湾区城市建设用地和经济规模增长格局演变及协同关系 [J]. 经济地理，2020，40 (2)：52-60.

[17] Lai L W C, Lu W W S, Lorne F T. A catallactic framework of government land reclamation: The case of Hong Kong and Shenzhen [J]. Habitat International, 2014, 44: 62-71.

[18] 土地供应专责小组. 土地供应专责小组研究报告 [R]. 中国：香港，2018.

[19] 高敏雪. 从联合国有关手册看环境经济核算的国际研究进程 [J]. 当代经济管理，2005，(3)：73-75.

[20] 高敏雪. 生态系统生产总值的内涵、核算框架与实施条件——统计视角下的设计与论证 [J]. 生态学报，2020，40 (2)：402-415.

[21] European Commission, Food and Agriculture Organization, International Monetary Fund, et al. System of

Environmental-Economic Accounting 2012 [OL]. https://seea. un. org/ecosystem-accounting [2014-10-12].
[22] 何宇，梁晓曦，潘润西，等．国内土壤环境污染防治进程及展望［J］．中国农学通报，2020，36（28）：99-105.
[23] 梁颖，陈敏，葛佳，等．工业用地场地环境调查中现场快速测试技术研究进展［J］．上海国土资源，2015，36（4）：64-67.
[24] 王益群．试论环境监测全过程质量管理提升环境监测水平［J］．生态环境与保护，2019，（9）：27-28.
[25] 黄艳明．结合实例分析环境监测质量控制问题及解决对策［J］．节能，2019，(4)：130-131.
[26] 吴芳．环境监测质量控制关键因素及对策［J］．现代农业科技，665（3）：236-237.
[27] 薛念涛，冯学岭，于辉．环境监测的全面质量管理［M］．北京：中国建筑工业出版社，2008.
[28] 祝诗平．传感器与检测技术［M］．北京：北京大学出版社，中国林业出版社，2006.
[29] 广西师范大学，等．1981. 分析化学［M］．北京：高等教育出版社．
[30] 王翔朴，王营通，李钰声．2000. 卫生学大辞典［M］．青岛：青岛出版社．
[31] 沈双娟，李鹏翔．随机误差统计规律研究实验的误差探讨［J］．福建师大福清分校学报，2009，(B12)：36-39.
[32] 王玉国．大学物理实验［M］．北京：高等教育出版社，2015.
[33] 沙连茂．关于分析方法的灵敏度和检测限的进一步讨论［J］．辐射防护通讯，1994，(3)：27-32.
[34] 张宁，张盛，杨海超，等．粤港澳大湾区土壤污染问题计量及可视化分析［J］．环境科学，2019，40（12）：5581-5592.
[35] 侯文隽，龚星，詹泽波，等．粤港澳大湾区丘陵地带某电镀场地重金属污染特征与迁移规律分析［J］．环境科学，2019，40（12）：5604-5613.
[36] 赵晖，邱实．规范集权与均衡分权：环境管理体制改革的路径选择［J］．行政论坛，2015，(4)：22-26.
[37] 韩超，刘鑫颖，王海．规制官员激励与行为偏好——独立性缺失下环境规制失效新解［J］．管理世界，2016，(2)：82-94.
[38] 李万新．中国的环境监管与治理——理念、承诺、能力和赋权［J］．公共行政评论，2008，(5)：102-151.
[39] 张凌云，齐晔．地方环境监管困境解释——政治激励与财政约束假说［J］．中国行政管理，2010，(3)：93-97.
[40] 梅献中．论我国土壤污染防治法律政策的演进与启示［J］．南海法学，2018，(6)：32-43.